知乎

有 问 题 就 会 有 答 案

鸟类词典

Birdpedia

A Brief Compendium
of Avian Lore

［美］克里斯托弗·W. 莱希 著

［美］阿比·麦克布赖德 绘

王惠 张孝铎 译

朱磊 审校

贵州科技出版社

·贵阳·

著作权合同登记　图字：22-2024-008号

图书在版编目（CIP）数据

鸟类词典 / (美) 克里斯托弗·W. 莱希著 ; (美) 阿比·麦克布赖德绘 ; 王惠, 张孝铎译. -- 贵阳 : 贵州科技出版社, 2024. 9. -- ISBN 978-7-5532-1334-7

Ⅰ. Q959.7-49

中国国家版本馆CIP数据核字第20245S18H9号

鸟类词典
NIAOLEI CIDIAN

出版发行	贵州科技出版社
地　　址	贵阳市观山湖区会展东路SOHO区A座（邮政编码：550081）
出 版 人	王立红
责任编辑	伍思璇
封面设计	周伟伟
版式设计	黄婷
经　　销	全国各地新华书店
印　　刷	鸿博睿特（天津）印刷科技有限公司
版　　次	2024年9月第1版
印　　次	2024年9月第1次印刷
字　　数	202千字
印　　张	12
开　　本	880mm × 1230mm　1/32
书　　号	ISBN 978-7-5532-1334-7
定　　价	78.00元

献给詹姆斯·贝尔德（James Baird）
——我的导师、同事和挚友

前言

Preface

　　40多年前，我出版了一本"北美鸟类百科全书"——
《观鸟者伴侣》(*The Birdwatcher's Companion*)。全书共917
页，是名副其实的"大部头"了。2002年，普林斯顿大学
出版社推出了该书经过全面修订的第二版，体量更夸张，
超过了1000页。我之前希望《观鸟者伴侣》能达到2个
可能有些自相矛盾的目标：①它应该包罗万象，必须囊括
目前已知的所有鸟类学内容，从"晨昏型"的含义到亚历
山大·威尔逊(Alexander Wilson)是何许人，再到世界上
一共有多少种啄木鸟，以及怎样将海番鸭煮来吃；②它不
但要提供令人"生畏"的海量鸟类学内容，并且要保证所
提供的信息准确无误，还要写得通俗易懂，让读者能在愉
快阅读的同时获取知识，最好文字还能诙谐有趣。

除了体量上的差异，《鸟类词典》与《观鸟者伴侣》最大的区别在于，这本书虽然也按照西文字母顺序编写词条，但并不自诩为一本"百科全书"。最好的方式或许是将本书当作一个"引子"，让充满求知欲的读者看到世界上有这样一群人，他们热爱甚至沉迷于看鸟——或者用一种更具动感的表述——"观鸟"，且规模还在不断地发展壮大。既然人们每年花费数十亿美元购买光学器材、鸟类辨识图鉴、喂鸟器，还参加专业"鸟导"带领的旅行团远赴蒙古寻找异域鸟种，那么通过阅读这样一本小书来理解为什么现在有这么多神志清醒的人会长时间盯着一棵树，或聚精会神地扫视腥味十足的泥滩，就显得很有必要了。

在《鸟类词典》中，你看不到详细的鸟类分类学信息或鸟的消化系统知识，甚至也没有对鸟类科、属的描述。不过，书中有关观鸟和鸟类辨识的通俗内容可以让"门外汉"大致明白观鸟者都在干些什么。书中有对鸟类生活奇特一面的总结，比如迁徙、巢寄生和效鸣等；也有更简明扼要的词条，希望可以引人一笑或是讲述令人难以置信的故事。读者依旧会在书中看到对"晨昏型"的定义（更别说被称作"山羊吸血怪"的夜鹰了），也依然能够挖掘亚历山大·威尔逊的身份信息（更不用说撒丁岛的埃莉诺拉了），甚至还能见识包含了海番鸭的菜谱。本书涉及的地理范围已扩展到北美洲以外，并且增加了《观鸟者伴侣》中没有出现的重要材料，例如"莎士比亚的鸟"和"黑人观鸟"。

鸟类无处不在。它们在南极洲的冰面下游弋，数以百万计地在北极苔原上筑巢，在巴布亚新几内亚的雨林间舞蹈，在戈壁沙漠的绿洲里聚集，在安第斯山脉的最高峰上空盘旋，迁徙途中飞越珠穆朗玛峰。它们潜入518米深的海下追逐鱼群，跟狮群分享大餐，在纽约的摩天大楼上筑巢。当然，它们的分布并不局限于地理概念。在画作、诗歌和音乐中，在神话、电影和医学中，在饮食、时尚和幻想中，鸟类的身影都无处不在。正是由于鸟类在形态、行为，以及与人类的关系等方面具有惊人的多样性，《鸟类词典》想要利用这些特点把让人苦恼的好奇心变成让人无法抗拒的吸引力，并尝试培育一种人类与自然界更为亲密的新型关系。

人类对鸟类的热爱可以分为3种类型：①作为纯粹的乐趣，比如欣赏春天的第一只橙腹拟鹂，聆听沼泽地里白腰杓鹬的鸣叫；②作为一种扩展好奇心的尝试，四处探索、学习新知，甚至获得智慧；③出于对世界鸟类命运的关切——鸟类现在受到人类社会无节制发展的严重威胁，以及为改善鸟类生活而采取行动的意愿，无论这些行动多么微不足道。我对这本与鸟类相关的小书有个不切实际的期望：愿它能为以上 3 点抛砖引玉。

目　录

Abundance

丰　度

　　没人对这个星球上某特定时期生活着多少只鸟这一问题做过确切的回答，这并不令人意外。有些物种确实备受瞩目（比如美洲鹤，其繁殖地和越冬地已被全部发现），加上它们整个种群的数量都很少，所以我们很清楚现存个体的准确数量。但是，在估计稀少的、研究透彻的物种数量时，也会存在大量导致误差的因素。比如，要么是因为很难从分布范围较广的物种（比如猛禽）里区分出个体，要么是因为种群数量是基于鸣唱的雄性推测而来（例如大多数罕见的雀形目鸟类）。黑背信天翁、大鹱、北鲣鸟和粉红燕鸥会在较小的范围内集群筑巢，由于大部分筑巢地都已为人所知，因此靠清点巢数就能获得对它们的数量较为准确的估计（计数不包含未开始繁殖或"外出潇洒"的个体）。但是，当我们统计单一目标鸟种的数量，比如在特定月份统计美国马萨诸塞州的黑顶山雀时，就能体会到这项任务的难度了，更别提去统计印度的雀形目鸟类或者全球的鸟类总数了。仅仅是精确地统计 0.04 平方千米土地内的小型林鸟就需要极大的耐心和体力，到头来计数者对自己已获取的数据还可能并无太大信心。不过，一旦在各类栖息地内获得了一系列物种合理可靠的计数，就可以开始做一些初步的推测。但同时，我们也要考虑其他变量：

——一年当中，所有鸟类种群数量都会出现巨大波动。它们的数量在当年雏鸟出壳前处于低位，此时只有熬过了岁月和寒冬的摧残，以及躲过了捕猎者的个体存活下来；在繁殖季节末期数量达到峰值，此时大多情况下幼鸟数量至少会数倍于成年个体数量。

——即使是小范围的鸟类调查也表明，某些栖息地比其他栖息地养活的鸟类数量更多，比如从最少的每 0.04 平方千米生活着 13 只鸟（所有种类的成年个体）的树林或农田到相等面积下生活着超过 1000 只鸟、格外丰饶的栖息地（某些热带森林和湿地）。

——一年当中，某一特定地方的鸟类种群数量可以发生巨大变化，这不仅仅是因为受到繁殖的季节性波动影响，也是鸟类移动的结果。北极苔原是鸻鹬和其他鸟类的繁殖地，但是一年中至少有 6 个月那里几乎（或完全）没有鸟类。中美洲已经拥有物种丰富的本地鸟类，但每年秋季会从北美洲如潮水般涌入大量来此越冬的候鸟，谁也不知道它们具体比本地鸟类多出多少。

——因为不同物种的种群密度差异很大，所以不可能根据已知的单一鸟种数量或者部分鸟种的数量推断出全部鸟类种群数量。鸟类种群数量会随生态因子的变化而循环式地增加或减少。北方的雀类和猛禽会经历交替出现的"鸟丁兴旺"和"鸟丁凋敝"，这是由对鸟类而言可获取食物量的变动而导致的持续波动。

再说说一些"瞎猜"。尽管计数鸟类存在难以逾越的困难，但是"有多少"这个问题实在令人着迷。毫无疑问，令人着迷的部分原因是鸟类数量显然多不胜数；另一部分原因则是数量对判断特定鸟种（乃至整个环境）种群的健康程度很重要，我们可以据此了解该鸟种是在急剧减少（北美已经有充分记录显示鸟类数量的减少）还是保持稳定甚至增多（有些情况下确实会增多）。下面的数据来源可靠，但在某些情况下还是需要我们做出明智的判断：

——经大致推算，世界鸟类总数量约为 1000 亿只（上下出入几亿只）。

——美国本土陆生野生鸟种在繁殖季节初期的总数量为 50 亿～ 60 亿只，在雏鸟出壳后的总数量或可有约 200 亿只。

——在一项覆盖芬兰南北地区且考虑所有生境的、极其严谨的调查中，鸟类学家埃伊纳里·梅里卡利奥（Einari Merikallio）最后得出结论：当地有6400万只参与繁殖的成鸟，其中两种常见鸟（苍头燕雀和欧柳莺）的成鸟数量可占到成鸟总数量的10%。

——人们已经准确掌握了大约44种北美鸟类（稀有的、分布局限的或明显的、集群繁殖的海鸟）的总数量。

——梅花雀科的红嘴奎利亚雀是一种小型的非洲雀类，可能是全世界数量最多的野生鸟种。它们在撒哈拉沙

红嘴奎利亚雀

漠南部的干燥稀树草原像蝗虫一样成群结队地破坏当地的粮食作物。据估计，它们在特定区域单次侵入的数量大约就有 1 亿只。该鸟的总数量约为 100 亿只。

——某些权威人士认为紫翅椋鸟（*Sturnus vulgaris*）和家麻雀是全世界数量最多的陆生鸟类，不过也有人指出，虽说这两种鸟分布范围很广，但也只出现在相对局限的地方。

——截至 2020 年，估计全世界饲养家鸡总数为 190 亿 ~ 500 亿只或 500 亿只以上，而全世界人口总数约为 78 亿。

——旅鸽一度是北美数量最多的野生鸟种（现已灭绝）；据估计，哥伦布时期大约生活着 30 亿只旅鸽。

——根据极其广泛的分布范围、各地的种群密度，以及庞大的越冬夜宿地可容纳上百万只个体，红翅黑鹂被视为北美现存数量最多的本土陆生鸟类。

——红眼莺雀可能是北美东部落叶林中数量最多的鸟类。当然，任何种群密度高和分布范围广的陆生鸟类都能加入这场数量竞赛，并且完全不用担心输得太难看。

Air Conditioning

体温调节

鸟类不能像人类那样通过皮肤的汗腺来排汗，因此它们需要通过其他方式避免身体过热。从某种程度上说，它们的降温系统就是把加热系统反过来操作。例如，保暖时要让羽毛"蓬松"，通过容纳更多空气来增加隔热能力；降温时则反过来压紧羽毛，尽可能少地保留身体热量。或者，它们可以加快皮肤裸露部分的血液循环以带走更多热量，而不是像保暖时那样减缓血液循环来保持热量。

许多温带地区的鸟类在夏季会换成更轻薄的羽毛，或者通过正常的羽毛脱落及磨损等方式让羽毛逐渐变得轻薄。鸟类也能通过调节行为来适应气温，它们通常会在一天中最热的时候寻找休息处和遮阴处。

鸟类虽然不能排汗，但可以通过喘气呼出肺部和体内气囊里的水汽来降温。这就解释了为什么大热天经常能看到很多鸟儿张着嘴。鸟类还有一种降温方式，术语叫作"喉部扇动"，即喉部的裸露皮肤会迅速颤动，使流到喉部的血量增加，由此来散发体内的热量。在如鸬鹚、军舰鸟、鹈鹕和鲣鸟这样有喉囊的鸟类身上，这种操作则更为常见。正午时分的海鸟集群筑巢地是观察其中一两种鸟类散热方式的好去处：这一时段亲鸟必须坐巢，用身体挡住当头的烈日，保护身下的卵或者幼鸟。

按人类的标准来看，美洲的兀鹫比较务实，一点都不挑剔。它们的降温方式也跟其名声一致——肥水不流外人田，自己的粪便一定拉在自己脚上，粪便里的水分蒸发后即可达到降温效果。鹳类（现在人们知道鹳类跟新大陆鹫类的亲缘关系很近）[1] 也会用这种方式降温。

Ali, Sàlim[2] (1896—1987)

萨利姆·阿里

作为印度保育工作大环境的缔造者，你 50 年来的工作不仅让印度次大陆的自然财富为人所熟知，更

---

[1] 根据 2024 年浙江大学张国捷教授等发表的最新研究，鹳类跟新大陆鹫类亲缘关系并不近，新大陆鹫类被归入了鹰形目，而与鹳类所属的鹳形目亲缘关系最近的是日鳽目。——审校者注（本书如无特别说明，注释均为审校者所加）

[2] 词条中英文人名遵照原文，按照"姓，"+"名"的格式书写，不做改动，文中英文人名则采用一般书写格式，即"名"+"姓"。——编辑注

成为推动保护、创办国家公园和保护区不可或缺的力量，唤醒了从政府到小山村各阶层的良知。自你的著作《印度鸟类》(*Book of Indian Birds*)出版以来，你的名字在自己的祖国、巴基斯坦和孟加拉国范围内一直被视为保护生物学之父，以及鸟类知识的源泉。

——1976年2月19日，世界自然基金会第二届保罗·盖蒂野生动物保护奖授予萨利姆·阿里时的颁奖词

上述颁奖词充分阐述了萨利姆·阿里对印度及其他地区的鸟类保护、知识教育和宣传的影响，却未能展现他80年来鸟类学研究生涯的多姿多彩。接下来，我们就来了解他的生平细节吧。

"印度鸟人"萨利姆·莫伊佐丁·阿卜杜勒·阿里（Sàlim Moizuddin Abdul Ali）出生于孟买一个富裕的穆斯林家庭，在家中9个孩子中排行最末。他起初对鸟类感兴趣是将它们当作"运动射击"的气枪靶子。直到有一天，孟买自然历史学会秘书W. S. 米勒德（W. S. Millard）在阿里的猎物中发现了一个不同寻常的物种——黄喉石雀［阿里在其自传《石雀的坠落》(*The Fall of a Sparrow*)中讲述了

这次邂逅]。这一发现让年轻的阿里有了参观该学会收藏的鸟类标本的机会。他10岁就开始写鸟类观察日记了。

阿里早期的学术生涯差强人意。1917年，他勉强进了孟买大学，之后为照管家族生意（经营钨矿和木材）去到缅甸而辍学。他在缅甸居住地附近的丛林中培养了自己的博物学兴趣（还有射击技能）。回到学校后，他短暂地学习了一段时间的商业法律，但是很快就被一位有眼光的教授说服转到了动物学。

阿里于1918年结婚，妻子提米那成了他未来旅行中的忠诚伴侣。他们没有孩子，而提米那不幸死于1939年的一场小手术，备受打击的他终生没有再婚。

1928年，由于未能获得印度动物学会的一个鸟类学职位，阿里决定去德国柏林自然博物馆继续深造。在柏林，阿里为杰出的鸟类学家埃尔温·施特雷泽曼（Erwin Stresemann）工作。用阿里自己的话来说，施特雷泽曼就是向他传道授业的导师，并将他带入了国际鸟类学界，让他有机会跟恩斯特·迈尔（Ernst Mayr）、悉尼·D.里普利（Sidney D. Ripley）和理查德·迈纳茨哈根（Richard Meinertzhagen）上校这些优秀的"鸟人"交流。

进行野外研究和区系调查是阿里最开心的时候，他为调研走遍了印度，但他对当时许多鸟类学家痴迷的系统学和分类学毫无兴趣。1956年，他写信给里普利："我的脑子都被这些分类命名的形而上学给绕晕了！如果鸟类学就是这些东西，那我肯定要卷铺盖走人，余生就在野外和鸟类安静地做伴，远离分类学战争的纷争和狂热。"后来他说自己将投身于"自然界中活生生的鸟类"的研究。

然而，迈尔曾向里普利诉苦，称阿里没有采集到足够多的鸟类标本，不足以为分类学分析所用。与此相反，1937年由阿里陪同前往阿富汗考察的迈纳茨哈根上校却抱怨："他除了采集标本，其他一无是处。"上校还补充了下面这个有意思的"文化"评论，充分反映了迈纳茨哈根上校和阿里两人的特点："萨利姆是受过教育的印度人的典型。……他在理论科目中表现出色，但没有实践能力。……他的观点令人震惊，恨不得明天就将英国人赶出印度，然后自己来治理这个国家。"

阿里最终找到了自己的志业，即发表科研论文和写作鸟类科普读物，并且孜孜不倦地为自然保护发声。他与里普利合著了10卷本的权威著作《印度和巴基斯坦鸟类志》（ *Birds of India and Pakistan* ），以及备受欢迎的《印度鸟类》等多部作品。他在拉贾斯坦邦建立了具有国际重要意义的湿地保护区（即巴拉特普尔鸟类保护区和凯奥拉德奥国家公园），并在阻止对喀拉拉邦尼尔基里山（今天称作寂静谷国家公园）的破坏方面发挥了重要作用。阿里自年少时起就与孟买自然历史学会保持着联系；当学会在20世纪40年代陷入困境时，正是他向当时的总理贾瓦哈拉尔·尼赫鲁（Jawaharlal Nehru）和英迪拉·甘地（Indira Gandhi，一位狂热的观鸟者）求助，在给予该学会支持方面发挥了至关重要的作用。

在阿里漫长的职业生涯临近结束时，其所获得的荣誉不胜枚举。他是第一位获得英国鸟类学会金质奖章的非英国公民，还荣获国际自然及自然资源保护联盟授予的约翰·菲利普斯奖章，由伯恩哈德王子授予的荷兰金色方舟勋章，以及两项印度授予平民的最高荣誉和上文提及的盖蒂奖。此外，他的名字还被用来命名了华西白腰雨燕（*Apus salimalii*）和几个鸟类亚种，以及世界上稀有的蝙蝠之一——偏齿果蝠（*Latidens salimalii*）。

喜山光背地鸫（*Zoothera salimalii*）也是以萨利姆·阿里的名字来命名的。

Altitude

高　度

一只雕消失于头顶数千米的高空，以及迁徙的小型雀形目鸟类在夜空中 1500 ~ 3000 米的高度做常规"旅行"，这些都令人叹为观止（也本应如此）。许多生活在世界上最高山脉树线以上的小型鸟类，则在二三倍于所生活海拔的高度，从被地衣覆盖的一块裸岩掠过而飞到另一块上。下面所列出的记录保持者则更加令人惊叹：

——11 300 米是记录在案的鸟类最高飞行高度：1973年 11 月 29 日，一只黑白兀鹫（一种大型鹫类）在西非科特迪瓦上空与一架飞机相撞。

——在喜马拉雅山上空迁徙的灰鹤会飞越 10 000 米高空。

——有人在海拔 8463 米（另有海拔 8485 米的测量数据）的喜马拉雅山马卡鲁峰上听到过一群迁徙的斑头雁的叫声。

——1967 年 12 月 9 日，一名民用航空飞机飞行员报告称在苏格兰外赫布里底群岛约 8200 米的上空见到一群大天鹅。

——1924 年，英国一支珠穆朗玛峰探险队在海拔约 7930 米处观察到黄嘴山鸦，这是已知雀形目鸟类活动的最高海拔记录。这些鸦科成员的活动海拔随着登山者的营地上升，可能是在搜寻残羹剩饭（这是该物种的典型行为，它们习惯于在林线以上觅食）。

——雷达在英格兰诺福克郡上空探测到小型陆生鸟类在约 6400 米的高度迁飞，是已知的这类鸟的最高飞行高度记录。

没有充足的供氧，人类无法在海拔 6000 米以上的高度进行剧烈运动。但是当所处环境需要时，这些在高空飞翔的鸟类有能力通过加快呼吸来增加血液的含氧量和加速肺部的氧合作用。它们的血红蛋白结构很显然也发生了改变，使其原本就相当可观的氧合能力得到进一步增强。

另见词条：迁徙（Migration）

Anting

蚁 浴

鸟类将蚂蚁的体液（或其他物质）涂在羽毛上的行为被称作蚁浴。"被动蚁浴"指鸟蹲在蚁穴上，让蚂蚁爬遍它的羽毛。在"主动蚁浴"中，鸟用喙捣碎一只蚂蚁，然后将其用力涂抹在部分羽毛上，特别是翼尖和尾覆羽（位于尾基部的羽毛，背腹面都有）的腹面。它们还会将蚂蚁的体液从翼尖涂到头部及身体其他部位，但很少会涂在某些部位。全世界范围内已观察到200多种鸟类进行蚁浴，主要是雀形目鸟类。

人们尚未完全了解蚁浴的目的，但基于长期观察，已经有了一些可信的假说。就蚁浴而言，把释放化学物质（尤其是蚁酸）作为防御手段的蚂蚁比主要进行蜇刺的生物更受鸟类青睐。还有证据表明，蚁酸可以杀死羽虱。人们普遍认为：蚁浴是鸟类除虱的一种方式，因为鸟类蚁浴后通常紧接着理羽和洗澡。

在没有蚂蚁的情况下，鸟类会使用樟脑丸、柑橘类水果、醋、未燃尽的木炭和其他物质涂抹身体，其中大部分都会像蚁酸一样给它们带来灼烧感。这样的刺激显然"释放"了蚁浴冲动。由于不同鸟类个体必须亲身体验蚁浴的效果，因此在同一物种当中，某些成员可能经常蚁浴，而另一些则没有学会这种行为。

某些鸟类对灼烧感的喜爱会带来一个令人担忧的副作用：它们有捡起燃烧中的火源带到别处的癖好——某些情况下它们会将火种带回尚在建造中的鸟巢，有时会引发灾难性的后果。

另见词条：体外寄生虫（Ectoparasite）。

Apocalypse
大灾变

我们正在见证规模空前、速度越来越快的全球性物种灭绝。关于灭绝的原因，现在已经有大量记载，此处仅列举由人类直接造成的 3 种形式的环境退化：热带雨林（仅覆盖地球表面的 6%，却容纳了世界上 50% 以上的生物）与其他栖息地遭到快速和广泛破坏，主要是将原有生境转为农业用地所致；有毒化学物质广泛污染空气和水；气候变化所造成的破坏性影响。

鸟类继续扮演着"（全球）煤矿里的金丝雀"这一英雄角色，以它们触目惊心的减少数量警告我们所面临的危险。例如，按国际鸟盟（BirdLife International）的数据，在过去的 500 年里，全球有 279 种鸟类物种及亚种灭绝；截至 2018 年，全球 11 000 种鸟类中有 40% 的数量正在减少，每 8 个物种里就有 1 种面临灭绝的威胁。最近的综合研究记录了大多数鸟类种群数量持续的、大幅的减少，这点最为让人担忧。根据 2019 年发表在《科学》（Science）杂志上的一项研究，自 1970 年以来，加拿大和美国的鸟类个体数量减少了 29%——现在居住在北美的鸟类比 50 年前少了近 30 亿只。许多鸟类都受到种群衰减的影响，比如旅鸫、蓝鸦和黑鹂，它们都是通常被认为数量巨大的物种；雪鸮和北极海鹦等标志性物种则被正式认定为"易危"物种，灭绝概率较高。

回想起来，人类已经采取了数不胜数的导致物种灭绝的手段，因此我们正处于"鸟类末日"的创痛之中似乎也就毫不奇怪了。以下对人类相应的"罪行"做简要总结：

过度猎杀。体育运动和服务于商业市场不受控制的捕杀直到 20 世纪初才受到管控，如旅鸽和大海雀这类曾被视为数量丰富的物种的灭绝可归咎于此。在有效的保护法律实施之前，过度猎杀也导致了许多涉禽和高地雉类数量的急剧减少。1875 年至 1900 年期间，鹭类遭到了"羽毛猎人"的大量捕杀。

栖息地破坏。这点一直被视为地球上鸟类生存的最大威胁，尽管化学污染目前与它已"难分伯仲"（见下文）。虽说原因多种多样，但总体而言，栖息地的被破坏程度与人口数量的增长和社会的发展成正比。比如，为了修筑公路和建造购物中心而抽排与填埋湿地，破坏天然草原用于发展农业，毁林建房和伐木，等等。

对栖息地的持续破坏超过了对其保护的速度和力度。据估计，1989 年，热带雨林以每秒约一个足球场大小的速率消失。从那时起，虽然也曾有一些稍纵即逝的机遇来加强栖息地保护，但是在 2020 年反环保及重商和不合理政策的主导下，森林遭破坏的范围和速度较以往更甚。如今，我们知道了热带雨林的存在对维持地球的氧气供应、正常气候及遗传多样性等根本性问题起着至关重要的作用，希望社会能对热带雨林保护更加重视。

杀虫剂和其他化学毒物。滥用剧毒化学品来防治病虫害是当今时代愚蠢的行为之一。至今仍主张大量使用非特异性、高毒性、持久性杀虫剂的人坚信，这些杀虫剂是控制蚊子、毛虫和叶甲等害虫最为有效的方法。反对者则认为这些杀虫剂危害太大：①针对性不足。在杀死"害虫"的同时也会杀死"益虫"和其他食虫生物，比如鸟类和两栖动物，从而有可能破坏整个生态系统的稳定。②杀虫剂会留在土壤中，或被冲入水体，以及在动物组织中大量残留，具有高度流动性。在动物组织中，它们会随着食物链富集而浓度不断增加。即使在地球最偏远地区生活的人，其身体组织中也发现了农药残留。③由于杀虫剂的效果短暂，反而导致病虫害问题加剧。昆虫很容易繁殖具有耐药性的后代，这反过来促使人们采用毒性更大的杀虫剂或加大原有杀虫剂的施用剂量。④人类仍在继续开发和推广如新烟碱类杀虫剂这样更具破坏性的药物，这类杀虫剂已被证明对许多鸟类赖以生存的昆虫具有极大的杀伤力。最近记录到的飞虫和其他昆虫数量的减少已经被描述为"昆虫末日"，与"鸟类末日"直接相关。

铅中毒。这是雉类和雁鸭类所遭受的古老、普遍的人为威胁之一。它们会将砂砾和混入其中的猎枪弹丸碎片一起吞下，这在狩猎季节是不可避免的。此外，人们还发现潜鸟因误食钓鱼铅坠而出现很高的死亡率，猛禽也经常因摄入被人类射杀但未被回收的猎物而死亡。美国联邦法律现已禁止使用铅弹猎杀雁鸭类和天鹅，然而湿地的沉积物中仍有着成吨的铅弹残留物。

石油泄漏。不需要太多的想象力就能理解原油、海水和游禽没法很好相处。潜鸟、鸊鷉、管鼻目海鸟、海鸭、海雀和其他远洋鸟类身陷泄漏的浓稠石油时，很快就会坠入绝境，完全无法动弹，注定会因为饥饿、暴晒和中毒缓慢而痛苦地死去。就算有些鸟类身上沾到的原油残留不多，看似可以忽略，它们也会因为油污破坏了自己在冰冷海上保持体温的羽毛的完整性，从而易受全身失温的影响而面临生命危险。

伴人动物。随着西方文明的传播，扩散到世界各地的狗、猫、老鼠、猪、山羊等动物，对鸟类和其他野生动物构成了严重威胁。它们的到来对于特有的岛屿物种尤其具有毁灭性。比如（现已灭绝的）莱桑岛秧鸡，因其原生的岛屿上没有捕食者，这种鸟早已失去飞行能力，伴人动物的到来带给它们毁灭性的灾难。另外，任何地面巢的鸟类都可能受到上述伴人动物的威胁。猫对鸟类种群的破坏力尤为巨大。据估计，目前美国大约有 6000 万只野化家猫，以及 6000 万 ~ 8800 万只宠物猫，其中很大部分猫可以自由出入家门。猫直接造成了全世界 33 种岛屿鸟类的灭绝。目前研究已证实，在美国本土的 48 个州，猫每年会杀死 13 亿 ~ 40 亿只鸟类。

鸟类的头号"敌人"

人造建筑。摩天大楼、风力发电机和电视塔对低空飞行的候鸟与其他鸟类都会构成威胁。特别是在有雾的夜晚，城市建筑的明亮灯光可能会吸引成千上万只鸟，它们会因此失去方向，无法在玻璃反光的迷阵之中找到出路，常常会在恐慌中撞击玻璃而死。有记录显示，1954 年 10 月初灾难性的两个夜晚，仅在纽约州到佐治亚州的 25 个观察样点就有超过 10 万只候鸟死亡。据合理估计，北美每年因撞击落地窗和电视塔等建筑而死亡的鸟数以百万计。

汽车。据估计，20世纪60年代，英国每年约有250万只鸟死于车辆撞击。由此推测，在北美更加四通八达的高速公路上，被杀死的鸟类数量必定更为惊人。

外来物种入侵。虽然紫翅椋鸟和家麻雀等引入鸟类通过争夺巢址导致本地洞巢鸟类数量减少，但更为隐蔽的威胁来自植物物种的入侵。一个引人注目的例子是芦苇和千屈菜这类外来入侵植物所造成的湿地退化，导致包括鹬鹧、鹭类和秧鸡在内的本地湿地鸟类群落组成种类的数量越来越少。事实已经证明，一旦这些入侵植物生长扎根，清除它们不但费时、费力又费钱，并且有时还不可能彻底将其根除。

整体威胁。近来许多人对世界野生动物福祉感兴趣的一个原因是人类的命运与其他地球生灵的命运密不可分。

以上列出的只是人类近年所造成的众多环境威胁中的几个例子。它们与鸟类的生存休戚相关，人们也已经清晰地记录下使鸟类受到影响的因素。其他许多问题，如酸雨、化学废物和核废料的处理及导致全球气候变化的温室气体排放，或单独影响或共同作用，都不可阻挡地侵蚀着地球生命的多样性和丰富度。这些由人类造成的侵害不仅影响着人类自身的身体健康，也损害了生生不息的大自然。

煤矿工人曾经有一个传统，将一只金丝雀放入笼中带下矿井。当金丝雀吸入致命毒气从栖木上掉下来时，也就是工人升井逃命的时候了。如果有一天早上醒来，我们发现鸟儿都从栖枝上掉了下来，那时再想要亡羊补牢恐怕为时晚矣。别忘了，我们无处可逃。

另见词条：死亡率（Mortality）

Audubon, John James (ca. 1785—1851)
约翰·詹姆斯·奥杜邦（约1785—1851）

这世上有个名字跟鸟类有着千丝万缕的关系，这个名字属于一位艺术天才，就像许多艺术家一样，他显得既古怪又才华横溢。约翰·詹姆斯·奥杜邦出生在圣多米尼克（海地曾是法国的殖民地，殖民时代被称为"圣多米尼克"）的莱凯，是法国富商、奴隶贩子让·奥杜邦（Jean Audubon）的私生子。这位艺术家曾描述自己从未谋面的生母是"一位有着西班牙血统的女士……美丽而富有"，但这似乎是自传式想象力的一个例证，助长了他纵容自己可能是流落民间的法国皇太子谣言继续流传的行为。他的生母应该是让娜·拉宾，是他父亲加勒比庄园里的一名法国女仆，因此奥杜邦的原名是让·拉宾（Jean Rabin）。不过，他父亲很快就收养了他（以及另一个非婚生的女儿），将他带回法国家中，并给他重新取名为让·雅克·奥杜邦（Jean Jacques Audubon）。

奥杜邦在3岁时逃离了后来爆发奴隶起义和革命的出生地，于雅各宾派专政时期来到法国。为躲避拿破仑的征兵，17岁那年父亲把他送到美国费城郊外的农场。此时的奥杜邦已经具备了一个富裕法国公民应有的知识水平和风度，骑马、击剑、小提琴和绘画都精通。父亲也鼓励他对博物学的兴趣，鸟类尤为受到其青睐。

像许多天才一样，奥杜邦在日常生活中毫不出彩，不善于经营家庭和事业；甚至他早期从事巡回肖像画师的职业也没干出什么成绩——这个职业或许磨练了他的绘画技巧，但也仅此而已。由于银行业危机和1812年美国第二次独立战争期间实施的贸易禁运，他失去了最后一笔生意。他应对破产的方式是将两个儿子留给（非常能干且长期受折磨的）妻子露西抚养，他则加入了一支内河船队，前往美洲荒野去实现他画下美国每一种鸟类的梦想。他从未失去对自然世界的兴趣，他曾在日记中这样写道："我没有一天不聆听鸟类的鸣唱，观察它们的特殊习性，或者尽我所能去描绘它们。"

最大开本对开精装本的《美洲鸟类》（*The Birds of America*）成了他生存下去的动力，它消耗了奥杜邦的体力，倾注着他的灵魂，直到1838年才最终完成，为世界创造了不可估量的价值。书中版画主要由伦敦的小罗伯特·哈维尔（Robert Havell Jr.）根据奥杜邦的水彩原画刻印制版，并在画家本人的指导下由工匠手工着色，描绘了497只实物大小的鸟类（奥杜邦描绘的许多"物种"在今天被并入了其他种类）。书中还包含大量精心绘制的植物［尤其是约瑟夫·梅森（Joseph Mason）青少年时期的作品］、玛丽亚·巴克曼（Maria Bachman）笔下的昆虫和其他生物，以及一系列精美的风景画和城镇风光画。

按照当时的惯例，《美洲鸟类》通过订购方式出售，并按订单陆续印制。因此，人们认为这本尺寸为68.58厘米 × 101.6厘米的最大开本对开精装本除了175至200册的全集之外，还出了数量未知的非完整版。此后，许多

仿自约翰·詹姆斯·奥杜邦的自画像（《美洲鸟类》金雕图版当中的细部）

成套全集被拆得七零八落，单页图版以越来越可观的价格被出售。最初的订购者花 1000 美元可以买到包含 435 张图版的四大卷——在 19 世纪 30 年代这已然是一笔不小的数目了。然而，今天单独一张图版就能卖到 20 万美元，一套完整的最大开本对开精装本在 2010 年的拍卖会上以 1027 万美元的高价售出，另一套则于 2018 年以 965 万美元的价格拍卖（自 20 世纪 80 年代初的 44 万美元涨至这一价格）。

《美洲鸟类》为奥杜邦带来了声誉和一定程度的经济保障。完成这部作品后，奥杜邦于 1859 年开始与费城平版印刷商 J. T. 鲍恩（J. T. Bowen）合作制作一个 8 开本、与朱利叶斯·比恩（Julius Bien）合作的全尺寸的彩色平版印刷版画。由于美国内战的爆发和一些无良的商业操作，后者最终未能完成。

《美洲鸟类》一出版，奥杜邦就开始与朋友约翰·巴克曼（John Bachman）牧师合作出版《北美胎生四足兽》（*The Viviparous Quadrupeds of North America*）。但此时奥杜邦的视力和精力都开始衰退，这部作品中的许多画作实际上都是他的儿子约翰·伍德豪斯·奥杜邦（John Woodhouse Audubon）完成的。在生命的最后 2 年里，他已垂垂老矣，英雄迟暮，最终在位于曼哈顿上城俯瞰哈得孙河的明尼斯兰（Minniesland）家中去世。

尽管奥杜邦在国外都把自己描绘成一个充满个性的边疆人，"一位美国樵夫"，并留起飘逸的长发、穿着质朴的皮毛服装来扮演这个角色，但他其实并非自己不时假装的那个天真、粗鲁的"与生俱来的天才"。在 17 岁去往他父亲在宾夕法尼亚州的农场之前，奥杜邦曾在巴黎学习，在欧洲顶层社交圈子中推销自己和自己的作品，并迅速制造出口口相传的效果，成功兜售了昂贵的作品，证明了他的精明。他的智慧及他对世界艺术传统和鸟类行为的透彻理解，在他众多充满戏剧性的创作中都有体现。在配合《美洲鸟类》而写作的《鸟类学传记》（*Ornithological Biographies*）一书和他的日记 [由他的孙女玛丽亚·A. 奥杜邦（Maria A. Audubon）编辑] 中，都包含了他对 19 世纪早期美洲荒野与美洲原住民的动人回忆。奥杜邦是早早为他们的悲惨遭遇而感到痛惜的人之一。

另见词条： 合并（和独立鸟种）[Lumping (and splitting)]。

Bailey, Florence Merriam (1863—1948)

弗洛伦斯·梅里亚姆·贝利

　　根据朋友和崇拜者的说法，弗洛伦斯·梅里亚姆·贝利在鸟类学研究生涯中取得的伟大成就归功于她个人特质的组合，包括她对自然世界的强烈感情、敏锐的观察力、对科学的尊重，以及清晰而迷人的写作风格。

　　弗洛伦斯·梅里亚姆·贝利出生在家族的庄园，并在那里度过了童年，这座庄园位于阿迪朗达克山脉边缘一处树木繁茂的山顶上。她和哥哥 C. 哈特·梅里亚姆（C. Hart Merriam，也是一位杰出的博物学家）在父母的鼓励下，从小就对探索自然世界充满兴趣。她也受益于富裕家庭的人脉：她的父亲在去约塞米蒂国家公园旅行时结识了约翰·缪尔（John Muir），之后她一直和他通信；欧内斯特·汤普森·西顿（Ernest Thompson Seton）则是她的早期导师，鼓励了她对鸟类的兴趣。预科毕业后，她进入了史密斯学院。虽然没有获得学位，但正是在这段时间里，她成为鸟类保护运动的积极分子。随着对使用野生鸟种羽毛装饰女士帽子的抗议越来越多，贝利先后在史密斯学院和华盛顿哥伦比亚特区成立了美国奥杜邦协会的分会，在华盛顿哥伦比亚特区，她致力于推动通过立法来结束鸟羽贸易。

贝利面向不同的读者出版了许多与鸟类相关的重要书籍。其中，1890 年出版的《观剧望远镜中的鸟》（*Birds Through an Opera-Glass*）是一本涵盖 70 种鸟类的入门者图鉴，被称为第一本现代野外观鸟图鉴；1898 年，她又出版了《村庄和田野中的鸟》（*Birds of Village and Field*），涵盖150 个物种。在此期间，她还出版了《马背上的观鸟游记》（*A-Birding on a Bronco*），讲述了她去加利福尼亚州南部看望叔叔（部分原因是治疗她被怀疑患上了的肺结核）并探索当地鸟类的经历；这是第一本由即将成名的路易斯·阿加西·富尔特斯（Louis Agassiz Fuertes）[1] 绘制插图的书。

1899 年，她嫁给了弗农·贝利（Vernon Bailey），他是一位博物学家和哺乳动物学家，之后成为美国生物调查局的首席野外博物学家。虽然他们在华盛顿哥伦比亚特区定居，但在接下来的 30 年里，这对夫妇一直在美国西部进行野外调查，尤其是在当时的新墨西哥领地[2] 和亚利

1　鸟类肖像画家中的佼佼者，被广泛地视为约翰·詹姆斯·奥杜邦的接班人。

2　美国新墨西哥州于 1912 年才正式成立。

桑那州调查。根据这些经历，她写出了个人最重要的几部鸟类学著作，包括 1902 年出版的《美国西部鸟类手册》（*Handbook of the Birds of the Western U.S.*）——该书为弗兰克·查普曼（Frank Chapman）此前出版的东部手册做了补充。从年轻时起，贝利就对鸟类行为的方方面面感兴趣，而不仅仅关注鸟类的辨识、分布和分类——这些是当时大多数专业鸟类学家所关心的。她的兴趣在《美国西部鸟类手册》中得到了充分体现，手册也展示了贝利对相关文献和羽毛细节的深入研究，这些都是通过检视史密森尼学会收藏的数千件标本获得的。这本书配有600多幅插图，并非一本面向入门者的读物，而是当时已出版的权威鸟类学工具书之一。

　　1916 年，韦尔斯·库克（Welles Cook）不幸英年早逝，他生前已经开始研究新墨西哥州鸟类，贝利受邀来继续完成他的项目。结果，贝利以自己的大量实地调查和库克的笔记为基础，把这个项目变成了其个人的代表作。经过 12 年的努力，《新墨西哥鸟类》（*Birds of New Mexico*）于 1928 年面世。这是一部综合性较高的作品，包括 700 多页文字描述，艾伦·布鲁克斯（Allan Brooks）绘制的 22 张整页彩色图版，路易斯·阿加西·富尔特斯（Louis

Agassiz Fuertes）创作的 34 张黑白插图，以及 60 幅分布图和 29 页的参考文献。

贝利一生的工作为她赢得了荣誉，她当选为美国鸟类学家联合会（American Ornithologists' Union，AOU，现已更名为美国鸟类学会）的首位准会员。《新墨西哥鸟类》一书则使她成为布鲁斯特奖章的第一位女性获得者。该奖项表彰了她"在西半球鸟类研究领域取得的杰出成就"。

另见词条：哈丽特·劳伦斯·海明威 [Hemenway, Harriet Lawrence (1858—1960)]

Baird, Spencer Fullerton (1823—1887)

斯潘塞·富勒顿·贝尔德

作为 19 世纪下半叶美国鸟类学的核心人物，在将北美鸟类知识从亚历山大·威尔逊和约翰·詹姆斯·奥杜邦的初创阶段发展到现代时期全面且一致的分类体系的过程之中，斯潘塞·富勒顿·贝尔德发挥的作用可能比其他任何人都要大。在《北美鸟类检索》（*Key to North American*

Birds）回顾研究历史的序言中，埃利奥特·库斯（Elliott Coues）概述了美国鸟类学的"贝尔德时代"；在贝尔德去世时，鸟类学家 J. A. 艾伦（J. A. Allen）更是将他称为"美国鸟类学之父"。

贝尔德从宾夕法尼亚州的一位少年博物学爱好者起步，17 岁时获得了第一个博物学学位，不久后获得了狄金森学院的硕士学位，随即又取得了教职。他不到 20 岁就和年迈的约翰·詹姆斯·奥杜邦成为朋友，并迅速展现出语言学、行政管理、政治和写作上的才能。他不仅有大量关于鸟类的文章发表，还写了不少关于哺乳动物、爬行动物和鱼类的文章。他担任了史密森尼学会的秘书长，说服国会建造了国家自然博物馆以安置他千方百计积累的藏品。他创立并领导了美国鱼类和渔业委员会（即后来的美国鱼类及野生动植物管理局），并在马萨诸塞州伍兹霍尔创建了海洋科学实验室。通过在政府的人脉和与陆军总监察长的姻亲关系，他促成了政府医生和军医在北美西部采集动物标本的安排，这是一项卓越的成就。这些标本，以及他自己的野外工作成果，为形成一份关于美国鸟类的报告提供了基础（该报告是为修建通往太平洋的铁路所做的调查的一部分）。这些成果后来以《北美鸟类》（*Birds of North America*）一书的形式重新出版发行，书中包括了738种鸟类，是第一部真正全面的、科学编排的鸟类名录。

除了自身的成就之外，贝尔德还作为其他博物学家的朋友和支持者而被世人所铭记。为纪念他的成就，人们在黑腰滨鹬（Baird's Sandpiper，即 *Calidris bairdii*）和贝氏草鹀（Baird's Sparrow，即 *Centronyx bairdii*）的英文名和学名中使用了他的姓氏。

Bergmann's Rule
贝格曼法则

从19世纪一位德国动物学家提出的一项观察中可发现，长期生活在较冷气候下的鸟类和哺乳动物比生活在较暖气候下的鸟类和哺乳动物体形更大。简单地说，缅因州美洲隼（*Falco sparverius*）的平均体形比生活在佛罗里达州的亚种（*F. s. paulus*）平均体形更大。这种现象所遵循的生态学原理：动物的体形越大，越能有效地保持热量。因此，不断遭受较低温度的种群，其成员体形会出现适应性的增大。1983年，鸟类学家弗朗西斯·詹姆斯（Frances

James）将佛罗里达州红翅黑鹂的卵放入位于明尼苏达州的鸟巢，又将明尼苏达州的鸟卵放到位于佛罗里达州的鸟巢。尽管出生地不同，但交换个体到了北方体形变得更大，在南方则变得更小，这表明贝格曼法则受到环境影响，而不是基因导致的。

Bill

鸟　喙

鸟喙类似于我们的上下颚，不过在许多方面二者的用法不同，外观上也并无明显的相似之处。鸟喙由头骨的 2 个骨质前端延长部分组成，上下各一，上面还覆盖着由角蛋白构成的角质或革质的鞘。角蛋白像我们的指甲一样，是上层皮肤组织（表皮）的衍生物。在大多数脊椎动物中，上颌被称为"上颌骨"，下颌被称为"下颌骨"；但在鸟类中，喙的 2 个部分通常被称为上下喙。上下喙的两侧都有锋利的边缘，有些还带有锯齿状突起，用于牢牢地控制食物。在大多数鸟类中，上喙比下喙略长、略深及略宽，所以是从上方覆盖住了下喙。除了极少数例外，大多数鸟类的喙上都有清晰可见的鼻孔开口，通常都位于喙的基部。喙的磨损可以通过形成新的角蛋白来修复，就像我们的外层皮肤脱落并不知不觉地更新一样。在某些情况下，断掉的喙也可以重新"长出来"。

以下从 3 个方面介绍鸟喙：

长度。上下喙就像我们的指甲一样会不断生长，并通过持续使用磨损出特定的大小和形状。喙的长度因鸟而异，差别很大，从雨燕的几厘米到最大的雄性鹈鹕的超过 45 厘米不等。世界上最长的喙属于白鹈鹕（*Pelecanus onocrotalus*），长约 47.1 厘米。体形最大的旧大陆鹳类则紧随其后，有几种鹳的喙长约 35 厘米。长嘴杓鹬的喙虽然有时看起来与其全身的比例极不协调，但实际上最长"只有"21.8 厘米（且雌性的喙最长），这种差异当然是比例和感知的问题。

形状。根据不同的进食习惯，鸟喙也有各种各样的形状。除了诸如明显的"短""长""直""弯""宽""窄"和"尖"，还有大量专有名词用于描述特定的鸟喙类型，比如上翘型（往天上翘，如反嘴鹬的喙）、下翘型（即鹮和白腰杓鹬那种朝下弯的喙）、锯齿型（鸟喙边缘有齿状突起），以及其他一些类型。高度特化鸟喙的例子可参见后文。

用途。 因为鸟喙不可避免地与嘴部连在一起，并且鸟类要花大量时间进食，所以将喙的功能与食物联系在一起是很自然的事。或许应该强调的是，鸟类用喙做的许多事情——不光是捕捉和准备食物，还包括搬运、挖掘、筑巢和防御——都是我们用手做的事情。最普遍的鸟喙功能是像钳子一样抓握，在某种程度上所有鸟类都能做到。然而，鸟类使用这一重要器官的众多方式是人类想象不到的，包括但不限于撕裂（食物）、探查、捅刺、削凿（打理洞巢）、剥壳（种子的外壳）、过滤和炫耀。

一些高度特化的鸟喙值得进一步介绍：

几维鸟。 这类令人惊奇的鸟共有 5 种，都只见于新西兰，也都有着很长的喙。其鸟喙的独特之处在于，鼻孔位于喙的最前端。它们还具有异常灵敏的嗅觉。这 2 个特征使得夜间觅食的几维鸟能够探查土壤，嗅出并捕捉蠕虫和其他猎物，而无须看到或触碰到它们。

琵鹭。 它们的喙长而扁平，末端变宽成匙状。"汤匙"的内部衬有灵敏的组织，当它们在浅而浑浊的水中摆动半张开的嘴时，可以感觉到小型食物，碰到像昆虫幼虫或虾这样的小型猎物时，"汤匙"就会迅速合上。

蛎鹬。 它们的喙从基部到端部都侧扁。这种薄而锋利的工具像凿子一样插在活的贝类（不仅仅是牡蛎）的壳之间，然后剪断其强大的闭壳肌，否则这些肌肉会使壳闭合得"像蛤蜊一样紧"。在没有合适工具的情况下，任何试图打开牡蛎或硬壳蛤的人，都会欣赏到这一演化的精妙之处。

剪嘴鸥。 它们的下喙明显比上喙长，这是为了适应其同样独特的觅食方式。这种鸟在平静的水面上飞行（通常在黎明和黄昏时集结成群）时，会用下喙尖"剪开"水面，它的下喙侧扁，像剃刀一样锋利。当"刀片"碰到鱼或其他可食用的物体时，上喙就会立即合拢。

黑剪嘴鸥

蜡嘴雀。 它们和其他一些雀类一样有巨大的喙，特别适合嗑开非常坚硬的种子。喙的大小、喙内侧特殊的剥壳方式，以及颚部肌肉的力量决定了它们能对种子施加多大的力。这一类别的冠军似乎是锡嘴雀，它可以施加高达7千克/厘米^{2}的压力，不过蜡嘴雀属的其他种（如北美的黄昏锡嘴雀）嗑开坚果的能力也不相上下。

交嘴雀。这些雀看似变形的喙实际上是从紧密闭合的松柏球果中提取种子的精巧工具。较长的上喙（向下弯曲）的尖端揳入两个种鳞之间，使得下喙的曲线贴合球果外侧，上喙的尖端则固定在种鳞的内侧。然后，交嘴雀以一种特别的方式扭转它的头，从而让施加于固定的下喙的力迫使上喙顶端的种鳞裂开。同时，上下喙被特殊的颌肌分开——不是在鸟类张开嘴的通常垂直平面上，而是在水平（横向）运动中，这为分离过程提供了必要的力量。一旦种鳞被迫裂开，异常大且可伸缩的舌头就可伸入球果壳内，借助于舌尖特殊的软骨结构，将牢牢固定的未成熟种子分离出来。

Birding while Black

黑人观鸟

美国的黑人观鸟者历来稀少。1995年，美国白人观鸟者约占白人人口的 24%，占美国观鸟者总数的 86% ~ 88%；当时和现在一样，他们都自我认同为白人。1995 年以来，西班牙裔观鸟者占美国总人口的比例从当年的 1.9% 上升到 2001 年的 10.8%。虽然这对于多元文化的发展来说是个好消息（因为有时观鸟被视为一种精英的消遣方式），但它并没有改变黑人观鸟爱好者的人口统计数据。1995—2006 年，非裔美国人中观鸟者的占比徘徊在 6% ~ 8.2%。虽然后来这个数字有所改善，但上升趋势并不明显。正如作家、诗人和野生生物学家 J. 德鲁·拉纳姆（J. Drew Lanham）博士在他 2016 年的作品《家园：一个有色人种与自然的爱情回忆录》（*Homeplace: Memoirs of a Colored Man's Love Affair with Nature*）中所说："在观鸟路线上看到我这样的人，只比看到象牙喙啄木鸟的概率稍大一点。"

人们最近才意识到黑人观鸟者的存在，这很大程度上归因于在 2020 年美国阵亡将士纪念日发生于纽约市中央公园的一场争执。当事人分别是哈佛大学毕业的高级生物医学编辑（前漫威漫画公司漫画作家）克里斯蒂安·库珀（Christian Cooper，一位著名的黑人观鸟者）和白人妇女埃米·库珀（Amy Cooper），两者并无亲属关系。事情的起因是后者给她的狗解开了牵引绳，这显然是违法的。而当库珀先生礼貌地要求库珀女士遵守公园规则拴住自己的小狗时，她就开始了挑衅，并报警声称受到一名非裔美国人的威胁。这场冲突的视频在网上疯传。这起事件带来的好消息：①该名妇女因其行为受到广泛谴责；②黑人观鸟群体获得了更高的曝光度——可能促进参与人数的增加。（会吗？）

人们对此做出了迅速反应：宣布 2020 年 5 月 31 日至 6 月 5 日为第一个非裔观鸟者周，并在推特（Twitter）和照片墙（Instagram）上举办旨在实现以下目标的一系列线上活动：①增强黑人观鸟者、博物学家和探险家的存在感和参与度；②引发必要的对话，讨论黑人观鸟者所经历的真实威胁和种族歧视；③推动各机构超越简单的多元化计划，努力增加包容性，为黑人观鸟者提供一个被看见、被聆听的空间。

这些活动立即受到了美国奥杜邦协会、美国观鸟协会、美国野生动物联合会及其他多家组织和政府机构的欢迎。

如果你想了解黑人观鸟者的乐趣和他们面临的危险，可收看观鸟者、活动家贾森·沃德（Jason Ward）的系列视频《北美鸟类》。

观　鸟

　　观鸟通常指有规律、系统地寻找和观察鸟类，无论是为了纯粹的审美享受、娱乐活动，还是出于更严肃的科研动因。这个术语通常既不适用于可能会喂鸟但对其所吸引来的物种并不特别感兴趣的人，也不适用于专业鸟类学家——大部分专业鸟类学家在实验室和图书馆花的时间可能与他们在野外观察鸟类的时间一样多（通常前者要多得多）。鸟类行为学是一个相对新但发展迅速的鸟类学分支，它本质上涉及长时间观察鸟类，但这一学科的研究人员被称为"鸟类行为学家"或"行为生态学家"，意味着他们受过观鸟者通常所缺乏的专业教育。

　　"观鸟者"（birdwatcher）、"鸟人"（birder）和"鸟类学家"（ornithologist）等词的语义、历史和社会含义相当复杂，同时也很有趣。首先应该指出，今天许多对鸟类有深入了解和浓厚兴趣的观鸟者可以很容易地指导100年前的鸟类学家——当然，这也要归功于早期鸟类学家积累下来的知识。然而，现代"观鸟者"既不应该感到，更不应该受到现代鸟类学家的轻视，他们已经做出了显著贡献，并且其重要性随着公众科学的兴起而不断增强。

在北美，人们对鸟类的兴趣与欧洲（特别是英国）关于鸟类的传统观念有所不同。跟其他国家相比，鸟类与人类的交情在英国更为平等一些。直到第二次世界大战后，观鸟在美国还被视为：①富人的娱乐（也许因为许多早期的环保主义者，如泰迪·罗斯福，都来自美国贵族阶层）；②古怪的爱好（是因为穿着特殊的户外服装，还是因为只有疯子才会花时间盯着树上那些迅速掠过的小小身影？）；③对男人来说不够阳刚的活动（没有"流血流汗"，不算一项正经的运动！）。当然，这些都是流行文化中普遍存在的刻板印象，并不能代表今天的"鸟人"——他们和大多数人一样"正常"（或"古怪"）。

然而，虽说自 20 世纪 70 年代以来美国的环境教育有了显著发展，环保事业也越来越受欢迎，但在有些地区，一个 10 岁以上的男孩还是会因为自己在到了参与体育运动的年龄却在观察鸟类而感到羞耻。在欧洲的大部分地区，对爱好博物的人存在负面看法的情况却没有这么明显——一对父子早上去观鸟，下午去参加足球比赛，没人会为此大惊小怪。

美国观鸟者和欧洲观鸟者之间另一个有趣的区别在于

他们如何看待自己的爱好。艾伦·理查兹（Alan Richards）在一本面向英国观鸟者的书中写道："20世纪50年代早期，鸟类学家倾向于认为所有观鸟活动都应该产生一些科学层面的回报。近年来，这种态度已经消失，观鸟通常纯粹是为了乐趣和爱好。"除了一些明显的例外，美国的情况则正好相反。在20世纪50年代（及以后），这里的大多数鸟类学家根本没有期望观鸟者做出贡献，大多数观鸟者也没指望自己能创造任何科学价值——纯粹就是好玩。直到最近，许多年轻的美国观鸟者才开始"观察"（而不仅仅是简单地识别和列鸟种清单）鸟类，并带着笔记本到野外去记录他们的观察结果。过去30年里，随着繁殖鸟类地图（Breeding Bird Atlas）和eBird项目的普及，这种趋势正在加速发展，鸟类学界正积极推广观鸟者的贡献。此外，正如欧洲早已认识到的，要进行有效的鸟类保护，就必须有一群肩负使命感的人参与，从而在政治上产生影响力。事实证明，动员志愿者参与鸟类调查和其他有益的行动是促进保护行动的绝佳手段。

还有一个问题是，一个人该如何称呼自己和自己的兴趣。20年前，英国的野外鸟类学家自称"观鸟者"（这是一个真实合理、朴实无华的描述性术语），他们对美国式的"鸟人"不屑一顾，认为这个叫法有点轻浮或太过时髦。相反，美国人长期以来都认为"观鸟者"相当乏味，而且带有上面提到的某些令人讨厌的特征。相比之下，"鸟人"似乎暗示了一种更严肃、更积极的活动方式。

想强调大西洋两岸观鸟风格差异的人可能会说，美国式观鸟是一种典型的竞技运动，包括一天、一年、一生，或在一个国家乃至全世界能看到多少种鸟；一天的观鸟行程通常包括大量的驾驶和交谈时间，而对鸟的数量、行为等方面关注较少。相比之下，欧洲观鸟者更倾向于集中精力将野外识别技能提高到显微镜的水平，并认为他们的活动是有价值的观察；他们更倾向于进行长时间的徒步观察，并在笔记本上写下大量内容（体形特征、行为、物候数据）和绘制素描；他们也不太能容忍在"观察"时闲聊，并通常对"推鸟人"（twitchers，即追求列出鸟种清单的人）持怀疑态度；他们认为对某一特定物种的详细记录比一长串的鸟种清单更能证明这一天是个成功的观鸟日。显然，这两种观鸟风格各有优点，并且它们似乎正不可避免地融合成为一种全球流行的活动，既有趣又有保护价值。到2001年，"鸟人"或"赏鸟"在英国已被接受成为常用词汇，而"观鸟者"或"观鸟"也在美国更频繁地被提及，并且似乎没有人为此感到尴尬。英国的"推鸟人"现在越来越多，美国追求列出鸟种清单的人则明显比以前少了（或者至少观鸟没那么漫不经心了）。做观鸟记录和支持鸟类保护在美国"鸟人"中远比以前更为普遍了。

对北美"鸟人"特别尖刻的描写可见于来自英国的移民杰克·康纳（Jack Connor）的《迁徙季的海角》（*Season at the Point*）。比尔·奥迪（Bill Oddie）在他的《小小黑鸟书》（*Little Black Bird Book*）中也就这个主题表达了一些有趣的见解，那一章的标题是"我是什么？你算什么？"

以下是一些和观鸟有关的统计数据（主要基于美国鱼类及野生动植物管理局 2006—2017 年的调查）：

受欢迎程度。观鸟是北美受欢迎的户外娱乐活动之一，而且受欢迎程度正在增强。截至 2006 年，有 4800 万美国人自称"鸟人"。在这些调查中，"鸟人"指曾前往离家至少 1.6 千米或更远的地方观察鸟类，或者近距离观察并试图识别住宅周围的鸟类的人。只是注意到鸟或者在动物园里看鸟的人均不被计算在内。因此，美国"鸟人"总数超过了家庭菜园种植者（4300 万）和高尔夫球手（2400 万）。2017 年，只有休闲钓鱼参与人数超过了观鸟人数，达到 4900 万人。还有更多的美国人（7040 万）自认为"对鸟类感兴趣"。

性别。观鸟曾经是男性占主导的活动，最娴熟和最有热情的"鸟人"往往还是小男孩时就已痴迷于观鸟。1975 年，美国观鸟协会成员中 78% 是男性；到 1994 年，这一比例下降到 65%。但今天，与男性占主导的休闲钓鱼和狩猎相反，女性"鸟人"现在占美国"鸟人"总数的 54%。

年龄。在美国，年龄较大的"鸟人"占主导，年龄在 45 岁至 55 岁或 55 岁以上的人群占比最高（52%）。参与率最低的年龄段是 16 岁至 24 岁，仅占 8%。

财富。认为观鸟者很富裕这种陈旧的刻板印象，在某种程度上仍然成立。为了成功地追求一份漂亮的终身鸟种清单，一定程度的闲暇和机动性是必要的。据调查，29% 的观鸟者年收入为 7.5 万美元或以上，56% 的观鸟者年收入为 5 万美元或以上。有趣的是，这个比例在 1994 年到 1995 年略有下降，这可能表明这项活动对不那么富裕的人更有吸引力了。"鸟人"已经是商会理想的人口统计数据之一，因为他们经常光顾精品商店或使用高端服务。推销鸟类主题商品的观鸟节和商业杂志的兴起，就是对具有观鸟者 – 消费者双重身份人群数量激增现状的回应。"鸟人"中有不少各行各业的代表，尤其是医生群体，他们在美国鸟类学中一直占有举足轻重的地位。

教育。截至 2006 年，超过 28% 的"鸟人"拥有学士学位（普通人群中该比例为 21.5%），68% 的"鸟人"拥有高中或以上学历。1994 年，美国观鸟协会成员的受教育水平：98% 的成员具有高中文凭，80% 具有学士学位，43% 具有硕士或博士学位。一个有趣的趋势是，1995 年至 2006 年，没有高中文凭的"鸟人"比例从 7.6% 上升到 12%，而受过大学教育的"鸟人"比例则从 34.7% 下降到 28%。

族裔。1995 年，美国白人观鸟者（欧洲和中东血统后裔，但不包括西班牙裔）占美国白人人口的 24%，但 88% 的美国观鸟者认为自己是白人。西班牙裔"鸟人"占美国总人口的比例从 1995 年的 1.9% 上升到 2006 年的 8%。相比之下，黑人观鸟者的比例一直很低，2006 年只占美国黑人人口的 6%。2006 年 7% 的亚裔美国人是"鸟人"。

全球分布。虽然观鸟在历史上主要流行于温带的发达国家，特别是北美、北欧、西欧等地区，以及日本、南非、澳大利亚和新西兰等国家，但在发展中国家，观鸟者的规模也在稳步增长，尤其是生态旅游和保护项目在创造着新的经济机会。

其他统计数据：

——美国每年有 2470 万人以观鸟为目的外出旅行。

——85% 的美国观鸟协会成员跨州观鸟，49% 的成员出国观鸟。

——7000 万美国人会在家中为野生鸟种提供食物。

——1997 年，北美大约举办了 70 个观鸟节。

——"狂热"的"鸟人"每年在观鸟旅行、望远镜和其他相关的零售项目上花费超过 2 亿美元（不包括在家中投喂野生鸟种）。

基于以上数字，可以公平地说，观鸟不仅作为一种流行的休闲活动正在迅速发展，而且吸引了更加多样化的受众。同时，它也成为一个重要的细分市场。考虑到其他涉及野生动物的户外活动（如打猎和钓鱼）的实际参与人数正在减少，观鸟的发展趋势就更加引人注目了。

另见词条： 黑人观鸟（Birding while Black）；列鸟种清单（Listing）；推鸟（Twitching）

查尔斯·吕西安·波拿巴

作为拿破仑一世的侄子，年轻的波拿巴在美国待了 8 年，在他的《美国鸟类学》（*American Ornithology*）一书中对北美鸟类进行了描述。他受过良好的科学教育，被公认为其所处时代杰出的鸟类学家之一。由于他出现的时间正好卡在早期美国鸟类学的两位巨匠亚历山大·威尔逊和约翰·詹姆斯·奥杜邦之间，他在美国的声名在一定程度上被掩盖了。回到欧洲后，波拿巴虽继续研究鸟类和其他动物学相关内容，写作相关文章，但其晚年的大部分时间都被政治占据，在意大利独立方面发挥了重要作用。他命名的博氏鸥（*Larus philadelphia*）在加拿大和美国阿拉斯加州的北方寒温带森林筑巢，与其他海鸥的不同之处在于，它们是在针叶树上用树枝筑巢的。

Brood Parasitism

巢寄生

巢寄生指一只鸟在一对义亲（通常是不同物种）的巢中产下一枚或多枚卵，由这对义亲来养育一只或多只寄生雏鸟，且通常以牺牲自己的部分或全部雏鸟为代价的现象。

以下介绍 3 种巢寄生类型：

种内巢寄生。在同一物种邻近成员的巢中产卵现在已被视为雀形目鸟类与包括鹛鹛、雁鸭类、雉类和鸠鸽类等在内的其他一些类群的普遍行为。当种群密度过高（例如集群繁殖的物种）或优良的巢址稀缺时，种内巢寄生现象尤为普遍。在某些情况下，1/4（集群繁殖的燕类）到 3/4甚至更多（如野鸭）的巢里会发现含有另一对同一物种邻近成员的卵。实际上，雌性紫翅椋鸟会寻找同类的义亲巢，并在产卵之前从寄主巢中取出一枚卵。由于这种寄生卵看起来几乎与寄主的卵一模一样，所以它们通常会被接受（除非被寄生的雌性还没有产下自己的卵），而这些没有血缘关系的雏鸟就与义亲自己的幼鸟一起被喂养。这种模式对义亲的繁殖很少或几乎没有不利影响，反而为巢寄生者的基因提供了额外的生存机会。有人认为，种内巢寄生可能是下述专性巢寄生的早期阶段。

兼性巢寄生。这一术语描述了偶尔不同种鸟类（通常是近亲）在彼此巢中产卵的现象。几种野鸭都有这种偶发的寄生现象，比如美洲潜鸭和棕硬尾鸭。在人们已研究的物种中，兼性巢寄生卵的数量通常会超过义亲卵的数量，这使得义亲在繁殖上处于劣势。一些陆地鸟类偶尔也会互相寄生，尤其是在食物充足、产卵量高的年份。

专性巢寄生。这一术语指鸟类从不自己筑巢，从不照顾自己的卵或雏鸟的现象。在全世界所有现生鸟类当中，仅约 1% 的物种具有这一习性，包括分属 6 个科的鸟类：1 种野鸭，旧大陆杜鹃科 78 种中的大多数种类，新

正在接受义亲芦苇莺饲喂的大杜鹃雏鸟（左）

大陆杜鹃科中的 3 种，响蜜䴕科中的 17 种可能都是[1]，牛鹂科 6 种中的 5 种，1 种非洲牛文鸟，以及非洲维达雀科全部的 20 种[2]也是。

在上文提到的各个科当中，专性巢寄生行为是独立演化而成的，它们的寄生招数也存在着显著差异。南美洲的黑头鸭几乎会利用它们能找到的任何巢（包括至少 1 种猛禽的巢），而且不会从义亲的巢中移走卵或幼雏，也不用从义亲那里获取食物，其雏鸟在孵化后 2 天内就能完全独立生活了。因此，它们被称为"最完美的鸟类巢寄生者"。而更"善良"的也许是巨牛鹂，它们的雏鸟在某些情况下会给巢内的"兄弟姐妹"清除蝇蛆，从而使作为义亲的拟椋鸟获得实际好处。但其余所有的专性巢寄生鸟类都会通过某种方式对它们的义亲造成一定程度的伤害：①移除义亲的卵或雏鸟（由寄生者的亲鸟或雏鸟完成）；②吃掉本应给巢内"合法"居民的食物；③占用义亲过多的时间和精力。

义亲的反应也各不相同：①完全被欺骗并牺牲自己

1　目前对分布于亚洲的黄腰响蜜䴕（*Indicator xanthonotus*）和马来响蜜䴕（*I. archipelagicus*）缺乏研究，只是推测它们跟响蜜䴕科的其他成员一样具有巢寄生习性。

2　原书只列出了维达雀属（*Vidua*）的，而实际上整个维达雀科除了这一个属 19 种之外，还有寄生维达雀属 1 种也具有巢寄生习性。

的雏鸟去满足（通常体形大得多的）寄生雏鸟的需要；②将寄生幼鸟与自己剩下的雏鸟一起喂养；③移除寄生卵；④在原巢址上筑一个新巢，将寄生卵完全覆盖掉；⑤抛弃被寄生的巢。

一只年幼的牛鹂或杜鹃如何知道自己不是只莺？又该如何找到合适的配偶？对于牛鹂和杜鹃来说，至少有一部分答案藏在它们遗传的鸣唱能力，以及识别和回应同类鸣声的能力当中。相比之下，非洲的维达雀这辈子大部分时间都会接受对义亲的身份认同。除了模仿义亲雏鸟（属于梅花雀科的火雀）的外表和行为，维达雀的雄鸟和雌鸟还会学习义亲雄鸟的鸣声，并且只与发出或回应正确的火雀鸣唱的维达雀交配，这里面还包括了正确的鸣声地理变异。一方面，这增加了给正确的义亲种类"戴绿帽子"并保持这种明显关系的概率；另一方面，如果一只古怪的雌性维达雀把卵产在"错误的"梅花雀巢中，并且义亲没有拒绝它们，那么生错地方的幼鸟就会学习义亲的模式，这就为维达雀新物种的演化奠定了基础。

在巢寄生行为中潜在的"第二十二条军规"是，从理论上讲，如果巢寄生太"成功"，它可能会让义亲——从而也让它自己——走向毁灭。在孤立的小规模鸟类种群与兼性巢寄生鸟类共存的地方，可能会发生物种局部灭绝。可悲的是，最糟糕的例子已经出现了，这主要是人类活动造成的局面。由于栖息地的改变和食物来源的增加，牛鹂的数量已经大大增加，分布范围也大幅扩展。这让褐头牛鹂、紫辉牛鹂和其他牛鹂得以接触到过去一直被生态屏障阻隔的义亲种类。如果不是在密歇根州北部的休伦-马尼斯蒂国家森林（Huron-Manistee National Forest）及其周围大力控制褐头牛鹂，世界上唯一的黑纹背林莺种群可能早在几十年前就永远消失了。波多黎各特有的黄肩黑鹂也面临着类似的威胁；这种威胁来自数量迅速增加的紫辉牛鹂，这种鸟最近已出现在加勒比海和佛罗里达州南部的大部分地区。

另见词条：鸣唱（Song）；智力（Intelligence）

Buzzard

鵟

在北美，"buzzard"是对新大陆鹫类的俚语称呼。在把英语作为通用语言的其他国家，它是鵟属（*Buteo*）和类似种类猛禽的标准名称，这些猛禽的翼相对较宽、尾相对较短。[在这个源自古老的鹰猎文化的旧大陆命名体系之中，北美的红尾鹰应该被称为红尾鵟，而"鹰"（hawk）这个术语则应留给鹰属（*Accipiter*）那些长尾的种类。]

红头美洲鹫（左）和普通鵟

囤　粮

啄木鸟、山雀、鸫和鸦科物种（包括松鸦、喜鹊和星鸦）习惯储存食物。贮藏者对食物的回收程度明显不同，目前只有少数物种得到了较透彻的研究。众所周知，星鸦能取出它们埋在地下的大部分坚果，这些坚果通常是用于过冬的，部分也在春天用来喂养幼鸟。北美星鸦会在公用贮藏点储存食物，并展示出重新找到这些地点的惊人能力，即使这些地点被厚厚的积雪覆盖。

灰噪鸦也是囤粮高手。耐心的鸟类学家在某天17个小时里就数出了1000多个它们的贮藏点。食物储存在距离食物源特定的半径范围内，灰噪鸦会本能地权衡一小片食物源的品质（即它的大小或营养价值）、来回贮藏点的距离，以及大量存在一起的囤粮被抢走的可能性。松鸦有着异常巨大的唾液腺，可以分泌大量非常黏稠的唾液，这些唾液可将各式各样的食物碎块黏在树缝和其他安全的缝隙中。

当然，有效囤粮的一个关键要素是要寻回：我到底把奶酪玉米条放哪儿了？寻回成功——本质上是一种记忆功

灰噪鸦

能——一直是学者研究某些物种时仔细检验的重点，这些物种显示出非凡的能力，不仅能记住它们在哪里储存了一些食物，还能记住这些食物是什么及多久前储存的。例如，北美星鸦在一季之内可以在多达2500个位置储存超过3万个食物，在某些情况下可飞行超过24千米的距离，并能够在13个月后找回其中约2/3的食物。

许多储存好的种子没有被发现，表明鸟类贮藏食物有利于种子传播。在已知松鸦埋藏橡子的位置发芽长出的橡树就证明了这一点。

遮篷捕食

这是几种鹭特有的做法。正在捕食的鹭会向前展开翅膀，遮挡其所站立的水域，这可能会为其在捕捉猎物时提供一些优势。有人认为，遮篷就像某种陷阱，鱼会被突然出现的一片阴凉所吸引。还有一种说法看似也很合理，即这个姿势可能为在开阔水域觅食的鹭提供了简单的遮阳功能，因为水面反射的强光会妨碍鹭清晰地观察水下的情况。尚不清楚这 2 种可能性中的哪一种能在多大程度上解释这种独特的行为（或是 2 种都能）。

Carson, Rachel (1907—1964)

蕾切尔·卡逊

公众、政府机构甚至企业利益集团现在都明白了在环境中滥用有毒化学品的危险，这在很大程度上要归功于蕾切尔·卡逊和她改变世人观念的著作《寂静的春天》（ Silent Spring ）。尽管卡逊将她的分析重点放在滴滴涕、狄氏剂和七氯等杀虫剂对鸟类的影响上面，但她明确表示，有毒化学品的滥用对整个地球生物圈来说可能同样可怕。

《寂静的春天》强大的影响力甚至早在它被摆进书店之前就已经形成了，这是作者将科学知识和抒情又通俗易懂的写作风格相结合的效果。对卡逊来说，她首先爱上的是写作。她8岁创作了第一篇作品，10岁就在《圣尼古拉斯杂志》上发表了文章。在转到生物学专业之前，她在大学最初学的是英语专业。

她十几岁时阅读了赫尔曼·梅尔维尔（Herman Melville）、约瑟夫·康拉德（Joseph Conard）和R. L. 史蒂文森（R. L. Stevenson）的作品，对海洋越发着迷。受此影响，她开始研究水生生态学，并凭借一篇关于鱼类排泄系统的胚胎发育的论文获得了硕士学位。她最早的长篇作品（即后来的"海洋三部曲"）颂扬了海洋环境的神奇。其中，1941年出版的第一本《海风之下》（*Under the Sea Wind*）获得了学术界的好评，但最初的销量却并不理想。1951年出版的《大蓝海洋》（*The Sea Around Us*）在《纽约客》上连载，又被《读者文摘》节选刊登，获得了1952年美国国家图书奖的非虚构类奖，并在《纽约时报》畅销书榜上停留了

86周。这让她可以辞去在美国鱼类及野生动植物管理局刊物主编的工作，专职写作。1955年，她出版了同样备受好评的《海之滨》(*Edge of the Sea*)。

卡逊早在1945年就对杀虫剂给环境带来的影响产生了兴趣，但在第二次世界大战后没能引起出版商对这一主题的兴趣。当时新兴的化学工业似乎有望实现奇迹——消灭威胁地球上所有生命的害虫。但到了20世纪50年代末，由于美国"舞毒蛾根除计划"之类的项目（该项目采用了空中喷洒杀虫剂的方法），以及"蔓越莓恐慌"之类令人不安的事件（除草剂与癌症被联系了起来），她得以

蕾切尔·卡逊

发表记录杀虫剂导致鸟类死亡的文章，并在1962年出版了《寂静的春天》。

这本书在2个方向产生了爆炸性的影响。卡逊运用充分的证据，雄辩有力地论述了杀虫剂实际上是潜在的"生物杀灭剂"，它们会影响包括人在内的非目标生物的健康，其残留物会在环境中累积。她的观点立即引起了公众的兴趣，并很快引起保护组织、政府委员会、总统科学顾问委员会甚至最高法院的注意。来自工业界的抗议同样激烈。只因卡逊是海洋生物学家而非生物化学家，她的学术声望就受到了质疑。一位工业化学家怒斥她，称如果按照她的建议行事，人类将"重返黑暗时代，任由昆虫、疾病和老鼠重新接管这个地球"。还有人称她为"自然平衡崇拜的狂热捍卫者"。

基于公众和主流科学界大多数人的广泛支持，卡逊的观点占了上风，并被视为1967年成立美国环保协会和1970年成立美国国家环境保护局的动因。人们也认为她影响了生态女权主义的兴起，为众多女性科学家赋予了更大的影响力。

卡逊因留下的遗产获得多项国内和国际荣誉，包括吉米·卡特（Jimmy Carter）在1980年授予她的总统自由勋章。可悲的是，这枚勋章和其他大部分荣誉都是在她离世后才颁授的。在写作《寂静的春天》期间，她患上了乳腺癌，于1964年4月14日因并发症与世长辞。

Chicken Hawk
鸡　鹰

　　"鸡鹰"是一个俚语蔑称，广义上用来指代大中型鹰，无知的人曾认为，它们中的任意一种都会经常性地侵扰家禽养殖场。苍鹰可以捕食松鸡和其他中型鸟类，但它们是森林物种，不太可能出没于农场。较小的鹰，如雀鹰和库氏鹰，活动范围更广，一眼就能识别出容易到手的猎物，有时会毫不犹豫地叼走一只雏鸡，但不会轻易攻击成年母鸡。总之，这个术语没有什么事实依据，反而一直是捕杀猛禽的众多挡箭牌之一，尤其是在鸟类保护法出台之前。

气候变化

毫无疑问，地球不断变化的气候与地球上的居民正走向一场不可避免的冲突。即便如此，还是有很多人拒绝承认这一点。这要么是出于自身利益，要么是出于不难理解的否认态度。这种态度是因为缺乏知识、不信任科学、愿意听信那些说这一切都是骗局的人；又或许还源于一种潜在的焦虑，即这一切都是真的。

冰川融化、海平面上升、海洋酸化、平均气温变化和天气异常等现象并没有引起人类多少警觉，因为它们往往是逐渐发生的，人类可以轻松地将它们当作自然波动而不予理会："气候一直在变！"

正如蕾切尔·卡逊 1962 年发出的"寂静的春天"警告激励了公众要求禁用滴滴涕，鸟类可能会再次提供最明显的证据，证明新的威胁已经到来（而且受影响的不仅仅是鸟类）：

——由于海平面上升，依赖沿海滩涂生存的鸻鹬已经失去了筑巢地和停歇地，更高的潮汐将尖尾沙鹀赶出了它们位于盐沼附近（唯一）的繁殖栖息地，燕鸥繁殖集群所处的堰洲岛也开始沉入水下。

——由于溶解氧含量减少，海洋变暖和酸化导致生物生产力损失。我们已经看到，因甲壳动物、软体动物和鱼类的减少，以及支持海洋生态系统的浮游生物生命周期的变化，海鸭、海鹦和远洋物种（如䳗和洋海燕）出现了局部种群变化及数量减少。

——现在有充分的证据表明，由于春天来得更早、更温暖，北半球的植物开花也更早了。亿万年来，长途迁徙的鸟类在向北迁徙至筑巢地时，会根据时间来安排关键的停靠点，其节奏与主要树种的开花时间保持同步。这些植物吸引了无数的昆虫，候鸟则需要这些昆虫来补充体能，从而继续完成迁徙。候鸟从遥远的越冬地出发时，无法预见开花周期的变化，如果它们到达得太晚，就会错过开花和授粉的高峰期，那么它们可能会缺乏繁育后代的体能，或者根本就不能筑巢。

——随着气温上升，森林的组成和小气候也在发生变化。鸟类对它们栖息地的结构变化，以及它们赖以生存的生物链的变化极其敏感。例如，随着北美潮湿的森林变得更干燥，它们可能不能再支持林下灌木丛的茂密生长，而棕林鸫和其他在森林地表活动的鸟类需要这些灌木丛来筑巢。

基于人类给这个星球带来的被充分记录在案的众多威胁，以及对鸟类乃至人类生命造成的威胁（大部分是可以预防的），并考虑到气候变化的影响预计将变得越来越严峻而不是和缓，我们真要将"走着瞧"作为继续前行的座右铭吗？

另见词条：大灾变（Apocalypse）

Cloaca

泄殖腔

在鸟类、爬行动物、两栖动物和许多鱼类中，消化道的末端扩大，固体废物、尿液和生殖系统的产物在排泄、产卵或交配之前都要通过泄殖腔。当然，在哺乳动物中，消化通道与尿道和生殖道是分开的。"cloaca"这个词源于表示"清洗"的拉丁语动词，它在英语中非动物学的意思是"下水道"或"厕所"。

另见词条：便便等（Poop, etc）；性（Sex）

口语化鸟类俗名

　　世界各地的人们都会给引人注目的鸟类或对其日常生活有重大影响的鸟类起名字。广泛使用鸟类作为食物或装饰品的文化往往对其区域内的鸟类有着很高的认知度，并创造名字来区分它们。这些俗名或当地土名几乎总是指向鸟类某些与众不同的羽毛、声音或行为特征。在这方面，这些俗名或当地土名与鸟类的相关性往往比"官方"的俗名与鸟类的相关性更强，而且几乎总是更富有想象力，也更有意思。

　　当然，大多数鸟类的"官方"英文名字都来源于口语，尤其是在"属"这一层面，而且大都具有悠久的历史。例如，"finch"可以追溯到至少 3000 年前，一个类似的词（相当易于辨认）呼应着苍头燕雀的尖锐叫声。其他一些看似与众不同的名字，如"merlin"，只能追溯到一段时期之前，然后就消失在纷繁错乱的词根之中了。如果旅鸫没有让英国殖民者想起他们家乡的红胸鸫（欧亚鸲），它们无疑会被称为红胸鸫或类似的名字。"anhinga"和"caracara"几乎是从古图皮语原封不动传到今天的，这是现已灭绝的亚马孙盆地原住民的一种语言。还有相当多的"官方"俗名完整保留了它们的民间起源。例如，䳭的英文名字"wheatear"（"white arse"的讹误，指它们独特的臀部和尾羽图案），以及刺歌雀的英文名字"Bobolink"（最初是"Bob Lincoln"，呼应其活泼的歌声）。正如后一个例子所示，在英国将常见的鸟类拟人化命名曾经是很普遍的做法，因此玛吉小甜饼（Maggie the pie）就成了喜鹊（magpie），杰克大傻子（Jack the daw）则简化为寒鸦（jackdaw）。

尽管我们现在已经为本土（和其他地区的）鸟类建立了一个相当标准化的英语命名体系，但我们应该（或许也该怀着极大的感激）记住：绝大多数人丝毫不在意这一点。我们中的某些人坚持认为，一种在黄昏时飞过田野和城市，发出类似"peent"的声音、有尖翼的鸟，是一只"普通夜鹰"（common nighthawk）。但是像大多数鸟类学家一样了解它（至少在某些方面）或者比他们更了解它的人，则清楚地知道它是一只"牛蝠"（bullbat）。毕竟，这个名字比"官方"名称更短，而且几乎同样准确。

当然，反对口语化名称的主要理由是它们容易混淆。一个人嘴里的灰斑鸻（black-bellied plover）可能是另一个人嘴里的"大笨鸟"（gump）或"呆鸟"（chucklehead），又或是其他人所说的"太利鹤"（too-lee-huk 音译），所以命名法的一致性还是要依赖学名。上面举例说明的糟糕歧义通常可以通过一些交流来化解。此外，声称当地土名特别恰当也是荒谬的。金鸻（golden plover）和黑背麦鸡（blacksmith plover）与灰斑鸻（*Pluvialis squatarola*）一样是黑腹的（black-bellied），可是就没有人想着将灰斑鸻称为"银鸻"（silver plover）。北美鸟类俚语中的地方风味和当地幽默大杂烩轻而易举地就超过了想象中必须死守鸟类学世界语的需要。

　　一想到还有人知道棕硬尾鸭也叫老太婆鸭（biddy）、胡话大鸭（blatherskite）、胖头鸭（butterball）、黑杰克（blackjack）、跛脚鸭（hobbler）、阔嘴鸭（broadbill）、蓝嘴鸭（bluebill）、花鸭子（duab duck）、蘸水鸭（dipper）、绅士鸭（dapper）、多普鸭（dopper）、短颈鸭（bullneck）、大黄蜂蜂鸣器（bumblebee buzzer）、黄油碗（butter bowl）、大块头鸭（chunk duck）、聋子鸭（deaf duck）、小鸭（dinky）、斜尾潜鸭（dip-tail diver）、该死鸭（goddamn duck）、呆头鹅（goose teal）、涂油鸭（greaser）、阔嘴蘸水鸭（broadbill dipper）、溪黑鸭（creek coot）、池

黑鸭（pond coot）、呆鸟鸭（dumb bird）、赤颈鹅（goose wigeon）、硬尾赤颈黑鸭（stiff-tailed wigeon coot）、硬头鸭（hardhead）、大头鸭（toughhead）、铁头鸭（steelhead）、瞌睡鸭（sleepyhead）、硬头阔嘴鸭（hardheaded broadbill）、大脚鸭（booby）、海鸦（murre）、针尾鸭（pintail）、胡桃鸭（hickoryhead）、棱背鸭（leatherback）、棱臀鸭（leather breeches）、木色鸭（lightwood knot）、士兵鸭（little soldier）、麝鼠崽（muskrat chick）、傻瓜鸭（noddy paddy）、屁股鸭（paddywhack）、大毛黑鸭（quill-tail coot）、白脸鸭（rook）、勺嘴鸭（spoonbill）、格雷鸭（gray teal）、大黄蜂黑鸭（bumblebee coot）、盐水鸭（saltwater teal）、水手鸭（shanty duck）、弹药袋（shot pouch）、尖尾鸭（spiketail）、溅水鸭（spatter）、勺嘴胖头鸭（spoon-billed butterball）、硬尾鸭（stiffy）、螺纹鸭（stub-and-twist）、浮水鸡（water partridge）、扇尾鸭（wiretail），以及其他的别名，就令人感到高兴。这只是几十个名字而已——博物学家约翰·K. 特雷斯（John K. Terres）就曾指出北扑翅䴕（Northern Flicker）至少有 132 个"通用"的俗名。

不用说，这里无法把所有名字都列完。下面提到的名字要么是作者根据历史学、人类学、鸟类学或词源学对它们进行的趣味性的选择，要么就是因为它们会让人发笑。

屁股腿（arsefoot）：潜鸟和䴙䴘的另一个名字，它们的腿都长在身体的最末端，这是对游泳和潜水的一种有用的适应，然而，这种结构让它们在陆地上行走时显得非常笨拙。

市长鸥（burgomaster）：海员对北极鸥的称呼，这种鸥体形丰满、举止得体。这个名字来源于日耳曼语中对地方行政长官——比如市长——的称呼。

屠夫鸟（butcherbird）：灰伯劳和呆头伯劳的另一个名字，两者都会捕杀大型昆虫、小型哺乳动物和鸟类，然

屠夫鸟

后将"肉"挂在树枝的分叉处或刺上。

乐队鸭（callithumpian duck）：长尾鸭 [直到最近还被叫作"印第安老妇人（old squaw）"] 的另一个名字。callithumpian 乐队是一种业余音乐团体，其特点是随机制造出各种奇怪的音符；一群群的长尾鸭也是如此。

面团鸟（doughbird 或 doebird）：尽管托马斯·纳托尔（Thomas Nuttall）和许多鸻鹬猎手认为这个名字适于统称许多体形更大、喙更长的鹬，但它最初特指极北杓鹬[1]，"因为它在秋天到达我们这里时太胖了，以至于它落到地上时，胸部经常会裂开，厚厚的脂肪层非常柔软，感觉像一个面团"。

海雕（erne）：白尾海雕的古盎格鲁－撒克逊名字，从现代斯堪的纳维亚语表示"雕"的词语（ørn 或 örn）中延续下来。玩填字游戏的人对它比较熟悉。

食粪鹰（jiddy hawk）：海员给贼鸥取的名字，指贼鸥的一种习惯：吃燕鸥和被贼鸥骚扰的其他鸟类的排泄物。贼鸥的属名和科名（*Stercorarius*，Stercorariidae）也是"吃屎的鸟"的意思。

---

[1] 只见于北美的极北杓鹬曾因数量众多而遭到大肆捕杀，如今多年未有记录，可能已经灭绝了。

皮博迪鸟（peabody bird）：白喉带鹀，美国人经常用"老萨姆·皮博迪-皮博迪"来描述它的一种叫声。加拿大人耳朵里听到它唱的是"哦，甜蜜的加拿大，加拿大，加拿大"。

造粪机（shitepoke）：若干种鹭的名字，指它们排泄时排泄物会喷射出来，既多又明显。

黑鼻水鸭（smutty-nosed coot）：北大西洋的雁鸭类猎人把所有海番鸭都叫作"黑水鸭"，这个名字是从黑海番鸭喙基的橘色脂肪隆起得来的。

抠屁股（tickle-arse）：海员对三趾鸥（black-legged kittiwake）的称呼；在三趾鸥的英文名中，"kittiwake"是"用羽毛挠你屁股"（tickle-your-arse-with-a-feather）的缩写，灵感来自这种北方海鸥"咯咯咯"的叫声；"kittiwake"和"tickle-arse"都是该物种叫声的拟声词。

木纹鸟（timberdoodle）：小丘鹬众多民间俗名中的一种；它是一种生活在山地的鸻鹬类，筑巢于林地，但会在邻近的开阔地进行夸张的空中炫耀。它的其他名字包括啃地鸡（bogsucker）、呆瓜鸟（hokumpoke）、鸡冠头（twitter pate）和大黄蜂鸡（bumblebee chicken）。

摇摆鸟（wobble）：海员对大海雀的称呼，也许是描述它与企鹅相似的步态。注意不要和"林莺"（wobbla）混淆，"wobbla"是新英格兰对森莺科（Parulidae）的统称，例如，"一只林莺在奥本山公墓上下翻飞"。

Convergence (Convergent evolution)
趋同（趋同演化）

趋同（趋同演化）指由于适应相似的生境，无亲缘关系的生物群体发展出相似的特征。从广义上讲，鸟类和蝙蝠的前臂都发展成翅膀就是一个例子。在鸟类中，许多来自不同科又具有惊人相似度的物种就是以这种方式演化而来的。举个突出的例子，北半球海雀科（Alcidae）的一些成员与南半球亲缘关系遥远的企鹅和鹈燕在外形上相似。其他的例子包括美洲的蜂鸟和欧洲、亚洲、非洲的太阳鸟，鸻（北半球）、红嘴钩嘴鹛（马达加斯加）和杂色澳鸻（澳大拉西亚），它们之间都没有亲缘关系，长得却很像。

艾略特·库斯

艾略特·库斯是19世纪后期美国杰出的、有意思的鸟类学家之一。库斯出生于新罕布什尔州，毕业于今位于华盛顿哥伦比亚特区的乔治敦大学医学院。他一毕业就开始了写作生涯，最终创作了近1000部作品，其中几部是重要的专著。他是杰出的军医之一，在西部各州执行任务时为斯潘塞·富勒顿·贝尔德收集标本，之后成为美加边境委员会的秘书和博物学家，这些经历让他创作出2部鸟类学著作——《美洲西北部鸟类》（*Birds of the Northwest*）和《科罗拉多山谷的鸟》（*Birds of the Colorado Valley*）。他还发表了大量关于西部哺乳动物的文章。作为美国地质和领土地理勘察局的秘书和博物学家，库斯在他广泛的图书参考书目中增加了关于美国西部探险史的论文。他是美国鸟类学家联合会的创始人，他1882年出版的《北美鸟类名录》（*Check-list of North American Birds*）成了美国鸟类学家联合会同名刊物的基础，该刊物第一版在之后不久即问世。

使库斯与同时代其他杰出的博物学家区别开来的是他

"令人印象深刻"的个性。他外表英俊，极富有幽默感，精力充沛，比一般人更喜欢古怪、奇特的事物。关于这最后一个特点，最显著的例子是他晚年对臭名昭著的"灵媒"、骗子勃拉瓦茨基夫人（Madame Blavatsky）的狂热迷信，她的降神会上还有托马斯·爱迪生（Thomas Edison）、约翰·拉斯金（John Ruskin）和威廉·詹姆斯（William James）等名流。库斯对"招魂术"有着一如他对其他兴趣的热情，但他最终因为揭露了勃拉瓦茨基夫人的骗局而被逐出圈子。库斯是当时美国鸟类学家中最为优秀的作家，这一点一直是无可争议的，他个性中的许多面在他《美国鸟类学》（*Key to North American Birds*）滔滔不绝、风趣机智和固执己见的简介中一展无余。这套书不仅是美国鸟类学的里程碑式著作，而且精彩地再现了 19 世纪博物学家的生活，从如何清洁猎枪（"费力地清洁"），在野外采集时服用"兴奋剂"的智慧（毫无智慧可言），到给腐烂、发臭的鸟剥皮的危险（会形成烂疮），再到库斯时代统治分类学理论的、过度热衷于进行无谓分析的人。直到 20 世纪 80 年代，大绿霸鹟（*Contopus pertinax*）的英文名还被称为库氏鹟（Coues's Flycatcher）。鉴于库斯杰出的鸟类学生涯，失去以他的名字命名的物种让人感到遗憾。

另见词条：斯潘塞·富勒顿·贝尔德 [Baird, Spencer Fullerton (1823—1887)]

Crepuscular
晨昏型

在日常用法中，"crepuscular"的意思是"黄昏"。但是在动物行为语境中，这个术语指在弱光下活跃，尤其是在黄昏时分和黎明之前活跃。没有鸟只在晨昏活动，但一些猫头鹰、雨燕和夜鹰在日落后的黄昏时刻和第一道曙光出现时会特别活跃或引人注目。一些鸻鹬类（如丘鹬和鹬类）和雀形目鸟类（如亨氏草鹀）在这些时段也特别活跃，求偶的时候更是如此。在平静的水中觅食的剪嘴鸥，通常要利用黎明和黄昏时的低风速，因此它们在觅食习惯上大多是晨昏型。许多哺乳动物、昆虫和一些爬行动物也是晨昏型。

丘鹬的求偶（性）炫耀

炫　耀

从最广泛的意义上说，炫耀指鸟类发出的任何天生的、程式化的视觉信号，其功能是触发信号的预期接收对象产生或让其"释放"相应的行为。鸟类炫耀最明显的例子是在性或防御相关情境下进行复杂而漫长的仪式化动作。这些动作经常涉及一些醒目的羽毛或其他身体特征字面意义上的"炫耀"，但涉及的姿势往往不会给出预期结果的暗示——至少对人类观察者而言。所有鸟类都会进行某种形式的炫耀，不过在行为的规模和仪式的复杂度上会存在很大的差异。

以下介绍几种炫耀方式：

求偶炫耀。求偶炫耀也叫性炫耀，由雄鸟单独完成时，它们不仅能吸引未交配的雌鸟的注意，而且是在向其他雄鸟亮出"同行止步"的标志。大多数野鸭、䴙䴘、蜂鸟和雀形目鸟类的炫耀都由雄鸟主导。当雄鸟进行某种形式的羽毛炫耀时，多伴随着声音效果或动作，雌鸟则通常保持淡定，有时还显得漠不关心甚至不耐烦，并可能用"替代"活动（如进食或理羽）来作为自己的反应；或者，

雄性军舰鸟膨胀红色喉囊来吸引雌性

雌鸟也可能交替以仪式化的屈服姿态和诱惑姿态做出回应。

许多两性外形相似的水鸟，如潜鸟、鸊鷉、䴙、鹈鹕及其近亲鸥和燕鸥等，都会进行求偶炫耀，其中配对的两只鸟在炫耀时会同样地主动。例如，一些大型鸊鷉会在水面上做一种纵列式的"竞速"，雌雄鲣鸟则在镜像动作的"打招呼"仪式中对峙。

鸟类进行求偶炫耀时经常做出怪异而复杂的滑稽动作，这是鸟类生活中最迷人、最有趣的部分。事实上，鸟类的外部解剖特征和属性（如羽毛、喙、腿、眼睛、声音、飞行）都在一种仪式或另一种仪式中被积极地展示出来，还有不少适应性特征明显仅在炫耀时发挥作用。例如，鹭获得了头部精致且突出的羽毛和背部发达的覆羽

（历史上曾被称为"鹭鸶羽"[1]）；许多海雀科鸟类演化出装饰性的面部毛簇和彩色的喙鞘；许多鸟类在求偶期间，所谓的柔软部分（喙、腿、肉质眼圈和面部皮肤）的颜色会变浓烈，不过这段时间通常非常短暂。

飞行炫耀。这是一种交配或配对仪式，有多种形式：

——滑翔。在这种炫耀中，一只鸟或一对鸟从高处滑翔而下，翅膀张开且一动不动。红嘴鹲成对滑翔，一只在另一只上方，上方的鸟翅膀朝下，下方的鸟翅膀朝上，距离之近几乎要触碰到对方；求偶的燕鸥常凌空滑翔（有时会成群）；有些鹬则边鸣唱边飞行，再转为滑翔而下。最容易看到的滑翔炫耀或许是许多常见的鸠鸽类在漫长繁殖季节里展示的。

——蝴蝶飞。许多鸻鹬在飞行炫耀中展现的是一种非常独特的、缓慢而浅浅的振翅；雄性朱红霸鹟和北美金翅雀也会做出这种动作。

——悬停。对许多旷野鸟种（如云雀、鹨、铁爪鹀和许多在苔原繁殖的鸻鹬）来说，悬停在空中就相当于鸣唱

19世纪后半叶，欧美时尚界掀起了一股以鸟羽装饰女士帽子的奢靡之风，大量繁殖期的鹭类被人类射杀以获取它们的繁殖羽，甚至专门有了"鹭鸶羽"（aigrettes）一词。

时停在高大栖木之上。"歌手"可能会在数百米的空中盘旋，同时唱出洪亮的"咏叹调"。

——速降。丘鹬和鷸在飞行炫耀达到最高潮时，以不规则的方式俯冲，并在下降时发出特有的机械声。美洲夜鹰在速降和获得速度后会突然"拉起"，并在向上爬升时用翅膀发出独特的声音。

——天空舞步。雄性蜂鸟于配偶面前在空中舞蹈，一边组成具有其物种特异性的图案一边鸣叫，在少数情况下还会用羽毛发出声音。

——特技飞行。也许最引人注目的飞行炫耀是大多数鹰和雕的"特技表演"。一种常见的特技飞行是一系列连续的波浪状飞行。某些鸟类会收起翅膀，从约 300 米的高空直线速降，突然又拉起升空，然后再次俯冲。最引人注目的特技表演是某些配对的雌雄雕之间的"翻滚"。白头海雕雄鸟在雌鸟上方飞行时，雌鸟转过身，伸出爪子，让雄鸟钩住，然后它们在空中翻滚着坠落，再在适当的时机松开爪子。许多种类的雌雄鹰在求偶炫耀时也会扣住爪子，看上去像巨大的槭树翅果，后以直升机平行旋转的方式向地面坠落。

舞蹈。这是成对或小群的信天翁、鹤、某些鹈鹕，以及许多海鸥和鸻鹬在地面进行的多少有些引人注目的、正式的炫耀。这些炫耀有着各种各样的动作，包括"鸟喙对击"、张嘴（露出鲜亮的口腔边缘）、亮翅、"行屈膝礼"、指指点点、伸展、展示食物或巢材。凭借体形和动作夸张而复杂的编舞，信天翁和鹤以"舞者"的身份而闻名。

水上炫耀。潜鸟、䴙䴘和雁鸭类的求偶炫耀本质就是水上舞蹈。腿长在身体末端的潜鸟和䴙䴘几乎能在水面将整个身体直立起来，并以这种垂直的姿势在它们繁殖的湖中奋力划动；在求偶仪式中，这些鸟一双一对、一前一后地呈纵列式同步完成这个动作。鹊鸭的舞蹈是头颈部运动的独特组合，包括"炸开"头部羽毛，直到头几乎变成一颗球，接着向前伸直脖子，然后将头猛地甩向背后（"甩头"）；在某些版本中，这种舞蹈还会伴随拍打水面、露出亮橙色的腿和脚的动作。其他野鸭也有属于它们自己的芭蕾舞动作。

威胁炫耀。面对入侵领地的同类或其他物种，大多数鸟类都会采取特有的防御姿态，无论是为了恐吓对手还是保护自己和后代。竖起身体的羽毛，让自己显得更大或者更威猛，这是一种常见的策略。例如，蓝脚鲣鸟竖起头部和颈部的羽毛，使它们像豪猪的刺一样竖起来，从而制造出一种威猛的形象。雏鹰和雏鸮及走投无路的成鸟经常会展开双翅、展示爪子、竖起羽毛，以此来威慑攻击者。

在威胁炫耀的演变中，最令人印象深刻的可能是山雀所谓的拟蛇炫耀。当它们的洞巢被侵犯时，坐巢的山雀会张大嘴巴，发出嘶嘶声，像蛇一样摇摆，最后向上"攻击"，同时用翅膀撞击巢壁。

当然，若威胁炫耀失败，有时就会激起反击——任何曾在繁殖季节进入燕鸥集群繁殖地或敢于过度靠近贼鸥巢或苍鹰巢的人都可以证明这一点。

"拟伤"行为。 留在巢中的成鸟以这种方式可以转移捕食者对卵或幼鸟的注意力。这是筑开放性地面巢的鸟高度演化的结果，但人们在大多数鸟类中也观察到了类似行为。不同物种表演的逼真程度不同，但基本效果都是扮作一只受伤或生病的鸟，无助地在地上扑腾（远离鸟巢），同时假装叫得很痛苦。许多鸻鹬所做的"断翅表演"就是一出极富感染力的鸟类"苦情戏"。

另见词条：求偶场（Lek）；鸣唱（Song）

Diving

潜　水

世界上很大一部分现生鸟类都会习惯性地潜水。这包括企鹅、潜鸟、䴙䴘、某些䴙、某些鹈鹕、鸬、鲣鸟、鸬鹚、蛇鹈、水鸡、日鳽、燕鸥、海鹦、一些猛禽、大约60%的野鸭、某些翠鸟，以及雀形目某科的部分种类（见下文的"河乌"）。其他水鸟，如海鸥，出于下面将要解释的各种原因，也会偶尔潜水。这种行为主要是为了获取食物，也可以有效地躲避捕食者。以下是潜水鸟类的一些特征和统计数据：

脚驱动。在水面上正常前进时，潜水鸟类双脚交替划水。但在潜水时，使用脚驱动的鸟类会同时用双脚发力。

翼驱动。为潜水而改造翅膀的现象在鸟类中惊人地普遍，这些改造大多与适应飞行有关。最极端的例子是企鹅，它们的前肢已经变成了鳍状肢——对空中飞行毫无用处，但完全适应在水下"飞行"。在所有鸟类中，企鹅在水中是行动最为自如的，它们和海洋哺乳动物一样敏捷（甚至更加敏捷），其水下游泳速度甚至比许多鸟类的飞行速度还要快——白眉企鹅的时速可达约35千米。海雀科鸟类——北半球的迷你假企鹅——有非常适合水下使用的翅膀。虽然现生海雀科鸟类的前肢完全长有羽毛并且能够飞行，但当它们伸展前肢时，前肢明显变窄并呈鳍状。一些鹱和洋海燕也用它们相当窄的翅膀在水下"飞行"，追逐海洋中的猎物；上述的某些"管鼻类"鸟类经常以这种方式潜入 30 ~ 60 米深的水下。

轻盈的重量级选手。习惯潜水的鸟类理想情况下应该既具备浮力又有大的体重。在大多数潜水鸟类身上，这种看似矛盾的局面是通过特化的解剖结构与行为的结合来实现的。鸟类的体腔内排列着一系列气囊，这些气囊填充了其他器官之间的空间，可以像肺一样通过吸气和呼气来膨胀与收缩。这些气囊甚至穿透许多骨头，因此鸟类的骨骼也有部分充满空气。这样获得的浮力当然是飞行方面的优势，当浮力与羽毛的空气滞留能力相结合时，鸟类自然而然就飘起来了。

然而，到了潜水的时候，浮力就成了一种不利因素，成为鸟类努力在水中穿行的阻碍。随着深度增加，水的密度也越来越大。从空中扎入水中的鸟类一定程度上依赖重力来抵消其天然的"可浮性"；从水面潜入并在入水后追逐猎物的鸟类，则需要利用腿和脚将自己推入水下——在某些情况下还会利用翅膀（见上文）。

更微妙的是，许多水鸟能够压缩它们的羽毛，挤出滞留的空气，以提高自身体重。正是这种技巧使鸬鹚得以像潜水艇一样下沉而不费吹灰之力。鸬鹚和蛇鹈的羽毛的孔相对较多，容易吸水，这有助于提高其潜水的效率，同时也解释了为什么这些鸟要花那么多时间张开翅膀晾晒。在准备潜水时，鸟类还会从肺部和气囊中排出空气，进一步降低浮力。

哎哟，疼不疼？ 任何见过鲣鸟头朝下从高空扎入大海的人可能都会想，它们怎么能一次又一次地承受这种撞击，而不会撞折脖子或至少是撞得头痛？实际上，演化赋予了鲣鸟异常强大的颈部肌肉、加厚且有强支撑力的头骨，以及头皮下的气囊（这些气囊起到了安全帽的作用）。潜水鸟类的眼睛也经过了结构上的优化，使它们在水下也能看到猎物。

鹈鹕、鸬鹚和鲣鸟的鼻孔要么在出生时闭合，要么在成年后闭合，呼吸通过嘴角处的开口进行，这也是对水下生活的另一种适应。

潜多深？潜多久？ 一只鸟潜得越深，下潜的难度就越大，速度也就越慢，因此潜水深度与持续时间之间存在着一定联系。然而，长时间的潜水并不一定是深潜：一只北美鸊鷉可以在约 1.7 米深的水中潜 63 秒。

大多数潜水鸟类都不会进行深潜或者长时间潜水；大多数鸟类的潜水深度很少超过 3 米或在水下停留超过 20 秒。即使有些鸟会深潜，如潜鸟、鸊鷉、海鸭、䴘和海雀类，它们也很少能充分发挥潜水潜力。普通潜鸟作为记录保持者（见下文）通常的下潜深度不超过 10 米，并且持续时间不到 1 分钟（有时更短）就会浮出水面。被迫下潜（例如被追赶或受伤）的鸟类在水下停留的时间通常会比正常情况下更长。

潜水记录。帝企鹅可以到达水下至少 534 米的深度，并在水下停留至少 16 分钟，这是目前已知的世界记录。普通潜鸟和长尾鸭在 54 ~ 68 米或略深的位置打了个平手，它们都曾被发现困在了设置于这些深度的渔网之中。虽然它们的平均潜水时间要短得多（见上文），但这些鸟显然很少会因持续 3 分钟的潜水而疲劳，潜鸟在强行潜水 15 分钟后仍能存活。这是仅次于帝企鹅的世界记录。

河乌 [河乌属（*Cinclus*）的 5 种河乌] 是唯一习惯于游泳的雀形目鸟类，也是可以在快速流动的溪流和河流中游水穿行的典型种类。它们的外形很像矮壮的大鹪鹩，体长约 15 厘米，体形紧凑，翅膀短，经常翘起尾巴并欢快地鸣唱。仔细观察会发现，它们的喙横向扁平，略呈钩状，羽毛异常厚实，下面长有绒毛，翅膀有点尖，脚也相应地大而有力。所有这些都适应了它们独特的生活方式，包括跳入冰冷的水中（它们可以潜到至少 6 米的深度），然后在激流底部行走，从水下的岩石缝中挑拣水生昆虫幼虫、蜗牛、小鱼等。然后它们会时不时浮出水面，到附近的岩石上整理羽毛。河乌主要见于欧亚大陆大部分地区、北美洲西部和新热带区的山区。

另见词条： 羽毛（Plumage）；视力（鸟瞰）[Vision (A bird's eye view)]

Drunkenness

醉　酒

鸟类偶尔会因误食发酵的水果或花蜜而醉倒，因进食不节制而醉死的情况也有记录。太平鸟、某些鸫和其他食果鸟类在冬天习惯性地吃"过熟"的水果——花楸、苹果或类似的水果，有时会被水果中因发酵而产生的酒精毒素直接杀死，或是醉后撞上窗户或其他物体。同样，龙舌兰花蜜在温暖的气候下很受各种采蜜鸟类的欢迎，当花朵灌满雨水时，花蜜会迅速发酵，然后在烈日下"沸腾"。不只在一个案例中，这种"有机鸡尾酒酒吧"附近的高速公路上散落着鸟类"酒鬼"被压扁的尸体，它们生前显然对过往车辆的危险不太敏感，或者失去了部分运动协调能力。

Duetting

二重唱

在鸟类语境里，二重唱说的是一对鸟（或一个大家庭的成员）一起鸣唱，要么齐声合唱，要么紧密同步地交替唱，称为"对唱"歌。后者的经典形式是一对雌鸟和雄鸟各唱一个有特色的不同音节，音节间隔非常近，效果就像唱同一首歌。二重唱常见于热带地区，在 44 个科的 200 多个鸟种中有过记录。大多数二重唱鸟类是捍卫每年繁殖领地的单配制鸟种。人们推测，二重唱有助

棕白苇鹪鹩

于巩固配偶关系并维持领地，它们还能让鸟类在集群地轻松找到彼此。

另见词条：鸣唱（Song）

Dummy Nest

假　巢

假巢（又名"求偶巢"）是一种鹪鹩类特征性的行为，即雄鸟先于雌鸟到达领地，建造一系列的巢外罩，即没有添加衬里的巢的外部结构。当雌鸟到达时，雄鸟会带着它去进行一次有鸣唱伴奏的巡视，随后雌鸟会选择其中一个巢穴，加入衬里或做出其他实质性的改进，为产卵做准备。繁殖季节过后，这些假巢可能被幼鸟和成鸟用作"集体宿舍"。

Dump Nest

随巢下蛋

随巢下蛋是一些野鸭、雉类和南美的美洲鸵特征性的行为，指几只雌鸟在同一个巢里产卵，最终导致原主人弃巢。至少在某些情况下，随巢下蛋的是那些自己没有巢的鸟，往往也是偶尔实践巢寄生的物种。如果巢里只多了少量"外来卵"，鸟巢主人还是会继续孵化这一整窝卵。然而，当卵堆达到令人生畏的规模时——人们曾在一个潜鸭巢中发现 87 枚卵——母鸭最终就弃巢了。

鸵鸟、鸩、犀鹃和其他鸟类的集体行为不同于随巢下蛋的操作，它们虽然在同一个鸟窝里产卵，但是会分担孵化的任务。

另见词条：巢寄生（Brood Parasitism）。

Dusting (Dust-bathing)
尘　浴

一些鸟类会主动地、有规律地用干燥的细土或沙子填充羽毛间隙，然后通过摇动和整理羽毛将它们清理掉，这种行为被称为"除尘"或"尘浴"。这种行为似乎在在旷野生活的鸟类 [如云雀、雉类和某些鹑（鹑亚科的鸟）]中最为普遍，但在一些鹰、鸠鸽、鸮类、夜鹰、鹩鹩、鹩雀莺、普通拟八哥和家麻雀中也有记录。有些"尘浴客"，例如雉类，显然从来不在水里洗澡，而云雀只有在淋雨时才洗澡。但其他鸟类既做水浴，也做尘浴。就目前所知，除了一种澳大利亚的雀形目鸟类（即白翅澳鸦）之外，其他鸟类都会在尘浴和蚁浴之间二选一。

虽然有些尘浴动作——蓬松羽毛，在灰尘中摇动喙，拍打翅膀——类似于水浴动作，但二者在表现和功能上并不完全相似。尘浴动作因物种而异。雀形目鸟类通常用脚抓挠和扭动身体，在灰尘中挖一个坑，通过直接打滚和刚刚描述的水浴姿势将尘土弄到身上。雉类和其他鸟类用喙和脚来收集周围的尘土，再将尘土"抛"到或扔到羽毛上。仔细地完成尘浴后，鸟儿会用力抖动和拍打翅膀来去除身上的尘土。家麻雀通常以小群体的形式集体尘浴，人们也看到过成群的火鸡（带着幼鸟的雌鸟）一起在尘土飞扬的道路上尘浴，但对大多数鸟类来说，尘浴是一种独自进行的活动。

尘浴的目的现在尚不明晰。目前的证据表明，尘浴有助于鸟类去除身体多余的水分和油脂，保持羽毛蓬松（从而具有良好的保暖效果）。这也是一种清除体外寄生虫（如羽虱）的方法。它还可能减少大量侵蚀角蛋白的细菌。

另见词条：蚁浴（Anting）；理羽（Preening）；日光浴（Sunning）

Ectoparasite

体外寄生虫

体外寄生虫指在另一个生物身体表面生活的生物体，通常对寄主有害。

鸟类身上有着数量惊人、种类繁多的无脊椎体外寄生虫。成千上万种苍蝇、跳蚤、虱子、蜱虫和螨虫在某种程度上以各自不同的方式生活在鸟类体表。小小的雀形目鸟类可能都会有一份"不受欢迎的客人名单"，上面列着几十个不同种类的"不速之客"；在繁殖季节，它们巢里的"客人"可能会翻倍。这么说会进一步坐实某些人认为野生鸟种"肮脏"和危险的偏见。然而，大多数鸟类能够将这些害虫控制在可以容忍的水平（至少从鸟的角度来说是这样），并且体外寄生虫或体外寄生虫传播的疾病从鸟类传播到人类还是非常罕见的（并非没有，见下文）。

总的来说，一些常见体外寄生虫的生活方式值得注意。某些鸟类体外寄生虫，尤其是羽虱和羽虫，其整个生命周期都在寄主身上度过；其他体外寄生虫只是偶尔或在发育的某个阶段生活在寄主身上，其他阶段则生活在巢中、地面上、另一个寄主身上、花朵上或其他地方。因此，鸟类感染体外寄生虫的方式也各不相同。

专门寄生在鸟类体表的体外寄生虫可通过鸟类之间的直接接触传播。当然，这可以发生在亲鸟和幼鸟之间，也可以发生在猛禽和它们的鸟类猎物之间（鹰、雕、鸳和鸮经常接纳体外寄生虫，种类异常丰富）。羽虱偶尔"搭乘"体形更大、移动能力更强的虱蝇，从一个寄主身上转移到另一个寄主身上。处于"到鸟类身上之前"阶段的体外寄生虫会以不同的方式接触鸟类。一些蝇类将卵产在鸟巢中，卵在一个繁殖季节中会经历幼虫和蛹的阶段，幼虫寄生在雏鸟身上，成虫时离开鸟巢；另一些蝇类则以幼虫形态在巢中越冬。许多体外寄生虫生活在鸟巢内，但只在晚上拜访它们的寄主。大多数蜱吸一次血后就会脱离寄主，然后寻找新的寄主享用下一餐。

寄生在鸟类身上的无脊椎动物表现出程度不一的耐受性。一些成年恙螨（见下文）能吸食鸟类的血液，也能吸食哺乳动物（包括人类）或爬行动物的血液。相反，羽虱和羽虫不但只寄生于鸟类，而且局限于某些特定种类（见下文）。有些体外寄生虫是栖息地特有的，如只会被出没于沼泽或干旱灌木丛中的鸟类吸引的体外寄生虫；巢蝇（眼蕈蚊科）则喜欢部分用泥做的巢，如许多鸫的巢。

羽虱科物种倾向于寄生特定类别和科别的鸟，并与寄主的系统发育同频。因此，鸥虱可能不同于燕鸥虱，但它们之间的亲缘关系可能比它们与鸭虱之间的亲缘关系更近。这种相似性已经证实是高度一致的，因此通过比较不同寄主身上羽虱的亲缘关系已被用来论证某些鸟类的分类关系。

体外寄生虫的食物偏好也各不相同。跳蚤、蝇类、蜱虫、恙螨和一些虱子吸血，羽虫和某些羽虱则攻击羽毛（包括蹼和羽轴的核心），其他体外寄生虫则专攻皮肤碎屑、体脂和其他体液。

看起来，一只鸟在这样一群小型杀手的攻击下存活的可能性很小——毫无疑问，体外寄生虫会导致寄主脱水和死亡。有些体外寄生虫是鸟类致命疾病的传播媒介；一些蜱的有毒唾液会导致寄主死亡；身上存在大量任何类型的吸血体外寄生虫都可以轻易导致雏鸟死亡，并严重削弱成鸟的身体素质，使它们更容易受到更大的捕食者和疾病的攻击；吃羽毛的虫和让皮肤发痒的螨会让鸟类忍不住抓挠，有时会使其羽毛大量脱落，导致其飞行能力减弱和因受到暴晒而损伤。

话虽如此，但鸟类并不是完全没有防御能力。梳理羽毛看起来至关重要，因为某种残疾而无法梳理羽毛的鸟类更容易受到体外寄生虫的侵害。诸如尘浴、熏浴、日光浴和蚁浴之类的措施在一定程度上可以作为控制体外寄生虫的方法。最后，栖息在鸟类身上和鸟巢中的微生物，有些也不是以鸟类本身为食，而是以鸟类寄生虫为食。这不禁让人想起无脊椎动物生物学那句古老的抒情唱词：

> 大跳蚤背上，
> 也有小跳蚤咬它们。
> 小跳蚤身上还有更小的跳蚤，
> 循环往复，永无止境。

下面描述影响最大的一部分体外寄生虫，并简要介绍它们的外表、习性和重要性。它们都是节肢动物（节肢动物门）：蝇、跳蚤和羽虱是昆虫（昆虫纲），蜱、螨与蜘蛛则同属一类（蛛形纲）。

狂蝇属狂蝇科，其成虫大而多毛，外表有点像蜜蜂。它们会将卵产在雏鸟身上，幼虫孵化后钻入寄主皮肤，在那里进食直到准备化蛹。它们主要出现在热带地区。

虱蝇属虱蝇科，是鸟类身上主要的蝇类寄生虫，少数种类（如羊虱蝇）也会寄生在哺乳动物身上。虱蝇成虫通常比家蝇成虫小且扁平，具有革质，有翼或无翼，以寄主的血液为食。无翼的在羽毛中爬行，类似阴虱。成虫终生与寄主为伴；幼虫在雌蝇体内孵化成熟，一"出生"就化蛹；蛹可在巢内或地下越冬。虱蝇往往具有栖息地特异性，但也有些是兼性的。从逻辑上讲，所有虱蝇物种都可以在鸟类捕食者身上找到。世界上大约有150种以鸟类为食的虱蝇物种，它们至少在24个鸟类的目当中有过记录。在年复一年使用旧巢的鸟类中，虱蝇的蛹在巢中越冬，并感染寄主的下一代。这些虱蝇可以在相对较小的鸟类身上大量滋生，例如，雨燕和燕子身上就有30～40只。虱蝇可传播锥虫和血液寄生虫变形血原虫，但一般来说不会对寄主造成很大伤害。

羽虱或鸟虱属虱目（旧称食毛目），也是主要的鸟类体外寄生虫，体形很小，通常扁平，无翅。北美有好几个科，约800多种，鸟类身上已知的有500多种；还有少数更喜欢哺乳动物寄主。大多数鸟类不同身体部位的"生态位"中寄生着许多物种：头虱和颈虱肥胖、浑圆，行动迟缓，口器紧握；背虱纤细、敏捷，能巧妙地避开寄主理羽，它们不吸血，但会咬掉一些皮肤碎片，或者啃食羽毛

长角鸟虱

和羽轴的髓部。一些特殊种类的羽虱或鸟虱生活在鸬鹚和鹈鹕的喉囊中。鸟虱在鸟身上度过它们的整个生命周期，它们会将卵附着在鸟类羽毛上，并通过鸟类之间的接触散播。羽虱的严重感染可能让寄主衰弱，并可能导致虱子与寄主一起死亡。垂死的鸟类身上有时会出现虱子大量繁殖的现象，这显然是个体身体状况导致的，而不是体外寄生虫引起的死亡。

蜱和螨属亚纲（以前是蜱螨目），这 2 个大目中包括大约十几个科的主要鸟类体外寄生虫。这些体外寄生虫的行为模式随寄主特异性、进食方式和繁殖习惯的不同而有很多变化，并且可能以惊人的数量出现在巢内。

羽螨科和其他科的羽虫对鸟类来说是影响极大的体外寄生虫。像羽虱一样，它们的整个生命周期都在寄主身上度过，在羽毛上或翎毛内产卵。它们通常具有寄主特异性和栖息地特异性，不同的物种偏好不同类型的羽毛，甚至是特定羽毛的不同部位。羽虫严重感染会极大损害羽毛。

蚊子或蜱会将致病微生物传播给人类。众所周知，鸟类是携带伯氏疏螺旋体的蜱的寄主。鸟类还会携带西尼罗病毒和马脑炎病毒。这些病毒会影响哺乳动物和鸟类。当这些病毒通过蚊子叮咬传播给人类时，它们可能引发致命的后果，特别是在易感人群（如儿童和老人）当中。

Edibility (of birds, eggs, nests)

（鸟、卵、巢的）可食用性

在如今这个拥有《候鸟法案》、严格的狩猎季节规定和高度"生态意识"的时代，"吃鸟"对大多数人来说就是去超市购买食材，而不会想到去荒野"打猎"。然而，在1882年的波士顿港（以"野味"闻名的）雪莉角，酒店和餐馆老板 O. A. 塔夫脱（O. A. Taft）曾和一群朋友打赌，他们讲不出任何一种他不能立即制作出来的可食用的北美鸟类。据说，也确实没人跟他赌。为了避免读者对塔夫脱先生眼中可食用鸟类的看法太过狭隘，现介绍一下他餐馆里的现成菜单里包括的鸟类（必要处由本书作者翻译）：来自北方的鸦类、来自伊利诺伊州的美味松鸡（北美的草原松鸡）、来自泽西岛的面团鸟（极北杓鹬）和斑翅鹬、杰克杓鹬（中杓鹬）、岩滨鹬（紫滨鹬）、金斑鸻、甲虫头（灰斑鸻）、红胸鸻（红腹滨鹬）、梨嘴杓鹬（长嘴杓鹬）、鸡鸻（翻石鹬）、夏（小）黄脚鹬、冬（大）黄脚鹬、来自特拉华州的芦苇鸟（刺歌雀）、棕背鹬（斑胸滨鹬）、草地鹬（黑腰滨鹬）和吱吱鸟（小型的滨鹬）。这份特别的菜单上最吸引人的是盛在核桃壳里的蜂鸟。在塔夫脱的餐厅，一大群食客很容易——而且显然是经常——一晚上就干掉 1000 只这样的"猎禽"。尽管到了 19 世纪 90 年代，一些人开始反对屠杀、囤积如此"奢华"的食物，但在 20 世纪头 10 年里，人们仍然可以在许多城市的猎禽摊位上买到雀形目鸟类和鸻鹬。即使是在今天，（非法的）旅鸫大派或类似菜肴仍然会偶尔出现在偏远地区的餐桌上。

羽毛捕猎和"纯粹的狩猎运动"虽然也对鸟类造成了伤害，但促使人类捕杀鸟类最重要的一个因素是它们非常美味。当然，有些鸟比其他鸟更好吃；许多鸟——比如兀鹫——因为其习性而无法成为人类的盘中餐。然而，几乎每一种北美鸟类都至少被人吃过 1 次也并非不可能。

对某些猎人来说，一只鸟的味道取决于它生活的地方和吃的东西。根据这一规则，几乎所有的海鸟都会被某些人嫌弃有"腥味"，而骨顶鸡则被斥为有"土腥味"。尽管这些说法有一定道理——大多数尝过鸬鹚肉的人都会肯定这一点——但这些"味道"是可以被遮盖的，通过某些巧妙的清洗和准备方法，可以让"带有强烈气味"的鸟变得非常美味——最起码不难吃。本书作者从纽芬兰见多识广的美食家那里听说过烹饪几乎每一种北大西洋海鸟的食谱，许多都需要立即取出内脏和"放血"，并经常用到腌泡汁（"酸黄瓜汁"），鸟胸肉则要在烹饪前腌制数周或更长时间。

另一份食谱是 R. W. 哈奇（R. W. Hatch）在 1924 年 12 月出版的《原野与溪流》（*Field and Stream*）杂志中提供的，用来烹饪一种众所周知难吃的海鸭，这种海鸭被称为美洲黑海番鸭（新英格兰海岸将它们称为"骨顶鸡"）：

最简单的方法是将"骨顶鸡"放入锅中，加入一把铆钉或铁砧一起煮，让水长时间快乐地沸腾。当你可以把叉子插在铆钉或铁砧上（视情况而定）时，"骨顶鸡"就可以吃了。如果这需要太多的耐心，就把这只可爱的"骨顶鸡"牢牢地钉在硬木板上。接着把硬木板放在阳光下暴晒1周左右。1周后，小心翼翼地从硬木板上取下"骨顶鸡"，然后把"骨顶鸡"丢掉，把木板煮了。[1]

其他新英格兰"骨顶鸡"爱好者认为，最好是将一块砖填进"骨顶鸡"体内烤，当后者变软时，它（砖）就可以吃了。

除了坚持认为鸟可以吃之外，常识还认为，越大或越老的鸟，肉越坚韧、"越有味道"。同样，也有吃过老天鹅之类的东西的人对此表示支持或反驳。

鸟类学家提出了一个更科学的观点，认为鸟类（和鸟卵）神秘的色彩与适口性之间存在某种对应关系。一些色彩非常鲜艳的鸟类尤其难吃，它们显眼的羽毛就是在向潜

在的捕食者发出警告——类似某些蝴蝶的做法。

以下列出 5 类可食用的鸟、卵、巢：

猎禽。在部分发达国家，野鸭、火鸡、松鸡、雉鸡、秧鸡和鸠鸽类的野生鸟种仍然因肉质鲜美而遭到合法（或非法）捕杀。大多数吃野生鸟种的人都同意，某些潜鸭、小型野鸭和黑雁味道很棒，当然，前提是它们在合适的地方进食，并经过适当处理。

鸻鹬。19 世纪和 20 世纪之交，鸻鹬数量的急剧下降可直接归咎于市场狩猎。极北杓鹬曾经是数量多得能"遮蔽天空"的丰富物种，现在可能已经灭绝了，这就是其肉质美味的结果（根据许多人的说法，其味道鲜美仅次于旅鸽）。据说，大多数鸻鹬都是佳肴。丘鹬和沙锥是目前在北美唯一可以合法捕猎的鸻鹬类。

鸣禽。几个世纪以来，云雀、鸫、鹀和许多其他雀形目鸟类一直是文明开化的欧洲的传统食物，直到近些年，在许多国家大量捕获和食用它们都还是合法的。但现在已被欧盟明文禁止。通常的做法是将这些鸟类剥皮，用小叉子烤，然后连肉带骨头全吃掉。许多南欧家庭在窗户上设置捕捉家麻雀的陷阱，一些人声称家麻雀的味道仅次于圃鹀。家麻雀在北美并不受法律保护。

鸟卵。在海鸟集群筑巢地"偷蛋"的做法曾经广为流传，这至少是大海雀灭绝的部分原因。现今北美法律仍然允许因纽特人和其他北美原住民采集海鸟集群筑巢点的鸟卵。

海鸟的卵和它们的父母一样，被普遍认为尝起来有"腥味"。在某些情况下可能确实如此。但是有些人又认为，一个新鲜的银鸥蛋比超市的鸡蛋更有风味。

鸻、鸥和鹌鹑的蛋是人们熟悉的欧洲美食——至少鹌鹑是由家养个体提供的。

英国鸟类学家休·科特（Hugh Cott）说过，一般来说，集群筑巢的体形较大的鸟类卵会比独居筑巢的体形较小的鸟类卵味道更好，颜色低调的鸟卵往往比颜色显眼的鸟卵味道更好（就像成鸟一样）。（他说）后者吃起来会苦。

燕窝。燕窝是一种昂贵的亚洲美食，由旧大陆金丝燕属（*Aerodromus*）几个种的巢制成。这些金丝燕在洞穴中大量繁殖（越来越多的个体在专门为它们建造的筑巢场所繁殖——燕窝在中国的售价很高）。这些巢由金丝燕分泌的黏稠的唾液组成，唾液的功能是将巢附着在垂直的洞壁上。唾液本身没什么味道，在大多数燕窝食谱中，人们通

爪哇金丝燕繁殖的燕洞

过加入蔬菜和调味品来为它提味。中国人认为燕窝有滋补功效。

Egg(s)

鸟 卵

从最广泛的意义上来说，卵就是雌性生物的生殖细胞或卵细胞。鸟卵组成：卵细胞及其附带的营养物质（蛋黄），其外有一团凝胶状的"蛋清"（蛋白），三者整个包裹在坚硬的钙质蛋壳里。通常也正是这个蛋壳吸引了对鸟卵感兴趣的人的注意力。

蛋壳由卵壳腺分泌的物质形成，卵壳腺是输卵管的一部分，在某些方面类似于人类的子宫。卵壳腺分泌出的悬浮碳酸钙盐迅速硬化锁住晶体（方解石），其内聚力通过互连的蛋白质纤维进一步地增强。外壳有薄薄的、部分包含有机物的内层和外层，但除了一小部分外，其余全部是碳酸钙，这也是白垩和石灰岩的成分。蛋壳为多孔结构，并不是实心的，从而让内容物（也就是雏鸟胚胎）可以"呼吸"。

鸟卵的颜色和图案（见下文）也是由卵壳腺分泌的

物质形成的。两种色素——蓝色或绿色、红色或棕色或黑色——可能分别来自胆汁与血液。蓝色或绿色沉积在整个壳上，尽管不同物种的卵颜色和着色程度不同，但当蓝色或绿色存在时，卵会呈现出均匀的颜色（如"旅鸫卵蓝色"）。深色的色素起到装饰许多鸟卵图案的作用，可以在鸟卵形成的不同阶段沉积下来。在鸟卵表面，这些斑点的颜色从粉红色到黑色深浅不等，也可呈柔和的色调而透过蛋壳的表层。在某些情况下，红色或棕色或黑色色素均匀地出现在鸡蛋的表层（角质层），会改变鸟卵的基本颜色：白色变成黄色或棕色，蓝色变成橄榄色。某些鸟类会分泌一层白垩质的涂层，为成品鸟卵"锦上添花"。

以下介绍鸟卵的表面特征：

尺寸。一般来说，鸟的体形越大，它产的卵就越大——尽管体形较小的鸟所产的卵与其成鸟体重之比通常较体形较大的鸟所产的卵与其成鸟体重之比更大。然而，也有一些例外。例如，棕硬尾鸭体形比帆背潜鸭体形小得多，但其产的卵却更大。相对于体形，几维鸟产的卵可谓巨大（卵重可占雌性总体重的25%，而一般卵占体重比例的平均范围仅为2%～11%）。这些大型的鸟卵表明，雌性生殖能量的很大一部分都投入后代生命发育的这个阶段了。已经灭绝的巨型象鸟（隆鸟属，*Aepyornis*）的鸟卵可大至 36.8 厘米 ×24.1 厘米，重达 12.27 千克。世界上现生鸟类所产最大的卵是鸵鸟（现存体形最大的鸟类）的卵，大小平均为 17.8 厘米 ×4 厘米，重量平均为 1.4 千克。疣鼻天鹅的卵为 11.43 厘米 ×7.37 厘米；加利福尼亚州神鹫的卵为 10.9 厘米 ×6.6 厘米，跟疣鼻天鹅的不相上下。

　　毫无疑问，蜂鸟的卵是所有现生鸟类所产卵中最小的，但哪一种蜂鸟保持着绝对的世界记录还没有定论。已知最小的蜂鸟卵重仅约 0.5 克。吸蜜蜂鸟（*Mellisuga helenae*——古巴特有鸟，为世界上最小的现生鸟类）的卵经常被提到：1.14 厘米 ×0.81 厘米或据报道其卵长最短只有 0.64 厘米。在北美，在正常变异程度之下，最小鸟卵的竞争可能接近白热化。

　　卵的大小在同一个物种内也可能因为以下因素而变化：窝卵数（卵越多 = 卵越小）、季节（在特定的繁殖季节，一些雀形目鸟类会在接下来的几窝中产下略大的卵；随着季节的推移，一些海鸟的卵平均下来会变小）、雌鸟的年龄（随着雌鸟年龄的增长，一些鸟卵会稍大一些）。

　　形状。大多数——但绝不是全部——鸟卵是"卵形的"，也就是说，一端比另一端略尖。不过，即使在这种

几维鸟鸟卵

容易辨识的形状当中，变化的范围也是广泛的。人们已经使用了多个术语来描述精确程度各异的不同形状，如椭圆形、近椭圆形、梨形、卵形等。海鸽或海鸦和许多䴉鹳会产下壮实的梨形卵，一端明显宽圆而另一端则尖长。或许值得一提的是，梨形物体的滚动轨迹可成一个圆圈，这对于像海鸽或海鸦这样的鸟类来说是一种有用的适应，因为它们在光秃秃、狭窄的悬崖上产卵。人们经常认为，在䴉和鸽当中该形状是对提高孵化效率的一种适应，因为䴉和鸽通常会产下 4 个梨形卵，当它们的尖端向内聚在一起时，就会形成一个整洁、紧密的圆形。

颜色和图案。鸟卵的底色通常是白色（即没有明显的色素）、蓝色、绿色或棕色。根据色素在卵壳上出现的位置，可能会产生各种各样的色调和阴影。虽然许多鸟卵是"浅白色的"，但大多数鸟卵都有某种纹路，而且多多少少由棕色色素构成。鸟卵学家（研究鸟卵的人）将纹路分为几大类，如潦草的、乱画的、密布点斑的、带斑点的和带

梨形卵不会大幅滚动的错误印象其实来自被抽空内容物的蛋壳标本的表现，完整的梨形卵并非如此，原书在这里也想当然了，感兴趣的读者朋友可以参阅《剥开鸟蛋的秘密》[*The Most Perfect Thing*: *Inside* (*and Outside*) *a Bird's Egg*] 一书了解更多内容。

印迹的，这些纹路可能会以特有的模式出现。例如，许多鸟种的卵是"环状"的，也就是说在较钝的一端会有一圈集中的斑点，这是因为产卵过程中钝端首先经过卵壳腺，并接受腺体分泌的大部分色素。

在一些鸟类中，鸟卵颜色和图案有一致性。例如，所有的北美鸦类的卵基本上都是白色或灰白色且无斑点的卵。但是，同属一个科的不同物种的鸟卵各不相同，同一物种不同个体的鸟卵也会有很多变异。事实上，没有2枚鸟卵是完全一样的。

因为鸟类起源于原始爬行动物，而后者的卵通常是白色的，所以一般认为鸟卵起初也大都是白色的，但在各种生存压力下演化出了别的颜色和图案。像燕鸥和鸻这样在开阔地筑巢的鸟类，通常会产下颜色和图案与地面融为一体的卵，令其不太容易被捕食者发现。海鸽或海鸦卵图案的巨大个体差异可能对它们在拥挤的集群繁殖地中识别出自己的卵具有重要意义。一些颜色鲜艳的鸟卵可能在提示它们具有令人不快的味道。

质感。潜鸟、天鹅、小冠雉、鹳、贼鸥和雁类、海雀类、许多鹰类及一些鸥的卵具有颗粒感（大多数的颗粒相当细密）。鸭卵则有一层蜡质或油质涂层，可能是为了防水。安第斯神鹫和加利福尼亚州神鹫的卵布满细小的坑。鲣鸟、鸬鹚、蛇鹈、鹈鹕、红鹳和犀鹃卵的表面具有白垩质涂层，在孵化过程中能起到防刮擦和防剥落的作用。除了鹈鹕之外，上述鸟类卵壳的底色均是绿色或蓝色。啄木鸟的卵则非常光滑，且带有光泽。

Egg Collecting

鸟卵收集

在法律禁止之前，鸟卵收集是欧洲北部和美国的大男人及小男孩都爱好的活动。好的收藏不仅要包括丰富的物种代表（稀有鸟类越多越好），而且还要最大限度地展示出某一特定物种卵色和卵形的变异程度，以及同一物种不同大小的窝的卵数。在欧洲部分地区（尤其是英国），非法收集鸟卵至今仍是保护机构的一大难题；但在北美洲，人们对这种活动的热情看起来已经基本上消退了。不过，也有例外：1981 年，某个楔尾鸥的巢和卵在其位于的马尼托巴省丘吉尔镇新近建立起来的繁殖区内被盗。罪犯（据说是奥地利人或德国人）显然是在晚上 7 点至凌晨 3

点之间，用锋利的工具从苔原上割下了整个鸟巢（还连带着巢下方的草甸一起），并且成功地躲过了值班警卫。据估计，这些鸟卵在黑市的售价为 1 万 ~ 2 万美元。被盗走的鸟巢和鸟卵至今依然下落不明。

由于最稀有的鸟类必然会产下最为罕有的卵，我们应当庆幸的是，偷盗鸟卵得冒坐牢和支付巨额罚款的风险，这种刺激感只有少数热衷于鸟卵的犯罪分子才会享受，也只对极少数的怪人才会有吸引力。

Eleanora of Arborea (1347—1404)

阿波利亚的埃莉诺拉

撒丁岛在中世纪被分成 4 个部分，每部分都由具有国王权威的法官统治，阿波利亚就是 4 个独立的"法官国"（本质上就是王国）之一。马里亚努斯四世，撒丁岛唯一被称为"大帝"的统治者，从 1353 年到 1375 年统治着阿波利亚。其子乌贡三世继承了他的王位。1383 年，乌贡三世和他的女儿在一场政治阴谋中被杀，没有留下任何继承人。有人提议成立共和国，但乌贡三世的大姐埃莉诺拉代表她的儿子们要求担任法官。她成为阿波利亚最后一位领袖，是很有权力和影响力的领导人之一。她颁布了一系列法律，扩大了公民在性别和继承权等问题上的权利，因此被广泛视为撒丁岛最伟大的女英雄。

埃莉诺拉及其家族成员都是狂热的鹰猎人。1392 年，根据她的法典，她在历史上第一次规定要保护鸟巢免受非法狩猎。她对鸟类学的贡献体现在艾氏隼的学名（*Falco eleonorae*）中，艾氏隼主要在地中海沿岸（包括撒丁岛在内的悬崖和岛屿）集群筑巢。

Evolution of Birdlife

鸟类的演化

哪怕只是粗略地观察一下我们星球上现在生活着的鸟类，也会发现它们惊人的多样性：信天翁和企鹅、神鹫和鹦、翠鸟和夜鹰、河乌和蜂鸟等大约共有 10 721 种，每一种都高度适应地球生态系统中的特定角色。更令人惊奇的是，这些最多仅代表了 1/10 存在过的鸟类，它们曾经翱翔、涉水、掠过人类从未见识过的栖息地，在类人猿开始向人类演化的 600 万年之前，整个古鸟类就在历经兴起又消亡了。我们关于史前世界不断增长的知识应归功于：①"幸运"的自然事故，即灭绝动物的形态在化石和沥青坑中保存了下来；②科学家的聪明才智，他们想出了精确测定岩石年代的方法，甚至用分子钟来判断时间；③向我们展示了这些化石如何相互关联的查尔斯·达尔文（Charles Darwin）先生等人。

毫无疑问，有关史前鸟类更为深入的许多证据还埋藏在地下，远比我们已发掘出来的要多得多。不过事实证明，我们的确设法发现了某些片段，并成功地在演化难题之中找到了属于它们的位置。过去 10 年中就有这样一些引人注目的发现，这些发现已经足够迷人了。本词条只能从以下几方面勾勒出早期鸟类及其起源的轮廓。幸运的是，有关这一主题优秀的综合性文献现在已很容易获取了。

解读岩石

视角。由于我们关于史前鸟类的唯一物理证据是化石，所以应该记住这样的证据并不能为过去提供一个全面和平衡的概述。首先，这种证据的数量并不多。当时和现在一样，伴随飞行而演化出的脆弱的鸟类骨骼会被捕食者的消化道粉碎，或是被食腐动物和流水所分散、破坏，这样的情况比完好无损地落入沉积物或沥青坑并保存下来的情况更为普遍。此外，化石往往呈现出一种生境上的偏差。毕竟，我们可以预期湖底沉积物中含有一定数量的湖鸟化石，但是关于湖畔森林中栖息着何种鸟类，它们并不能提供多少线索。最后，应该注意的是，古鸟类学家本身就是"稀有鸟类"，这导致我们对古鸟类骨骼的寻找和研究要少于对现代鸟类或灭绝的蜥蜴的。无论新发现的化石将激发何等令人兴奋的想象，我们都必须记住，目前对史前图景的勾勒就像修复一幅被破坏了的壁画，已有的线索不过是随机出土的残片而已。

鸟类的祖先。 鸟类从爬行动物演化而来，这一点自达尔文时代以来在科学界就没有争议了。鸟类和爬行动物有许多共同的特征，它们之间的关系在著名的"蜥鸟"——始祖鸟（*Archaeopteryx lithographica*）身上体现无遗（见下文）。

但是，关于鸟类起源的持续争论涉及它们的直系祖先。现在的小学生都知道鸟类是恐龙的现生后代。但是，究竟是哪些恐龙呢？科学家目前的共识是，基于对相似特征的分析，鸟类是直接从虚骨龙类（一种兽脚类恐龙）演化来的。兽脚类恐龙不仅包括可怕的霸王龙，更确切地说，还包括敏捷、奔跑迅速的小型食肉动物，如伶盗龙。兽脚类恐龙和始祖鸟化石发现于同一地质层的事实似乎支持了这一观点。然而，古鸟类学家艾伦·费都加（Alan Feduccia）等人认为，早期鸟类与兽脚类恐龙之间表面上的相似性，要么在经仔细检视后并不存在（例如鸟类和兽脚类恐龙三趾"手"的相似性），要么则是趋同演化的结果。

始祖鸟化石

这一阵营的人认为，鸟类是直接从脊椎动物中鳄类这个分支上较为原始的槽齿目爬行动物演化而来的，还引用了许多"前鸟类"的特征来支持这一理论。那么，研究兽脚类恐龙的专家就要发问，为什么在接下来的9000万年里，化石记录中没有发现始祖鸟呢？这是一场经典的科学辩论，或许只有发现新的化石才能解决这个问题。

羽毛和飞行的演化。 显而易见，爬行动物的鳞片和鸟类羽毛之间，以及现代鸟类的羽毛和飞行之间存在密切关系。一些槽齿目种类化石的鳞片表面看上去好像印着羽毛图案，现代爬行动物的鳞片与鸟类羽毛形成的过程也非常相似。同样，羽毛适应现代鸟类优雅的飞行似乎是显而易见的——羽毛还具有其他功能，这点不言自明。不过，重建从鳞片到羽毛、从地面到空中的每一步转变，仍然是一项比探索鸟类谱系分支更具推测性和争议性的任务。

如果你能想到典型的爬行动物鳞片——这种基本的身体保护结构，就不难想象潜在的演化改进：如果鳞片沿着中脉以一定角度分开，它就会变得更加灵活；如果它再变得更加松散，就可以提供更好的保温效果，能够在极端的高温和低温下发挥作用；如果结构变得更薄、更为伸展，

---

① 我国古生物学者在东北地区的燕辽生物群（距今约1.6亿年）和热河生物群（距今约1.2亿年）发现了许多关键类群的小型兽脚类恐龙，根据大量形态学和分支系统学的详尽研究，有力地论证了鸟类是由一类小型的兽脚类恐龙演化而来这一说法。

重量就会减轻，动物敏捷性也随之增加；如果上肢、尾部或背部的鳞片延长，动物就可以增强平衡能力和机动性，从而实现滑降或滑翔。上述的所有改变也可以用于炫耀、发声或是其他的辅助用途。当然，所有的这些突变都是推测性的，在有鳞动物演化为带羽毛动物的过程中体现了自然选择上的优势。但是，将鳞片变成羽毛，是飞行这一难以抗拒的优势所致的吗？还是像两栖爬行动物学家认为的那样，羽毛最初是一种更精细的控制体温的手段，后来随着爬行动物开始"进军天空"而派上了用场呢？目前普遍的看法似乎更倾向于后者，因为最近对中国出土的化石的分析表明，早在我们所说的鸟类出现之前，恐龙就已经演化出了羽毛。

关于动力驱动鸟类飞行起源的争论，基本上沿着槽齿目恐龙或兽脚类恐龙的路线，分成了"树栖"和"地栖"两大阵营。槽齿目有很多种，我们从化石记录可知其中有些是小而轻的树栖物种，长着延长的鳞片；有些最终也产生了会飞的爬行动物，如无齿翼龙（*Pteranodon*）。它们可能已经开始向飞行演化，只需要鳞片足够额外伸展来减缓从一棵树跳跃到另一棵树的冲力（称为"滑落"）。"鸟型槽齿类"（avimorph thecodont）的下一阶段是发展出更宽的翼形，使其能够在从高处弹射后滑行一段距离，并控制行进的状态。约 5 厘米长的长鳞龙（*Longisquama*）是目前已知唯一的一种鳞片可能介于鳞片—羽毛过渡态的爬行动物；它有一个从背部延伸出来的奇异双扇状鳞片，尽管鳞片不能扇动，但可以像蝴蝶的翅膀一样展开，让长鳞龙得以在三叠纪的热带森林中滑行。

所谓的地面活动类或"地栖起源"理论让人想起这样一幅画面：敏捷的兽脚类恐龙用后腿在沙漠中奔跑，用前腿抓住任何能抓住的东西。前肢的延长和扩展最初都与飞行无关，只是让它们跳得更高，并且让其具有更好的控制力，能够使用翼状前肢容易捕捉到更多的猎物。随着翅膀和尾巴变得宽大，跳跃可以变成滑翔，最终变成动力（扇动翅膀）而飞行。槽齿目派对此种假说的反驳是，我们目前所知的兽脚类恐龙化石并未显示出任何前肢延长和重心前移的趋势，而奔跑的恐龙若要腾空而起，必须做到这些才能符合空气动力学原理。

始祖鸟如此完美地体现了爬行动物向鸟类演变的过程，以至于在动力驱动鸟类飞行起源的争论中，双方都将它视为自己的证据。支持"树栖起源"理论的人说，始祖鸟的祖先是树栖爬行动物，演化出带羽毛的翅膀和尾巴作为滑翔装置；他们引用它明显向后指的趾（后趾）作为它喜欢栖息在树上的证据。支持"地栖起源"理论的人则认为，始祖鸟为奔跑、跳跃、捕捉昆虫的兽脚类恐龙和它们后来成为的鸟类之间提供了必要的联系，并且它最初是从地栖环境爬到树上的。

化石记录

下面的概述试图勾勒出迄今为止化石记录的大致轮廓，并对那些骨骼标本最令人惊叹的灭绝鸟类物种进行简要描述。

始祖鸟及其对手。尽管近年来已取得许多重大的发现，但公平地说，迄今为止发现的最重要的鸟类化石还是始祖鸟化石，包括完整骨骼在内的 7 件标本在巴伐利亚晚（上）侏罗世石灰岩沉积物中被发现，其中第一件出土于 1861 年。始祖鸟是已知世界上第一种带有羽毛的动物，除此之外，它的重要性还在于其骨骼更接近爬行动物，而不是现代鸟类，实际上它被不止一位权威研究者描述为小型（乌鸦大小）恐龙。虽然它现在已被正式归入自己专属的一个附纲（或亚纲），即古鸟亚纲（Archaeornithes，意为

"古代鸟类"），但它仍被许多专家描述为一种有羽毛的爬行动物。达尔文的《物种起源》（*On the Origin of Species by Means of Natural Selection*）出版短短 2 年后，这"缺失的一环"（由一只会滑行的恐龙，到可以飞翔的鸟的过渡一环）就不仅被誉为已知的最早的鸟类，而且对许多人来说，它就是证明达尔文理论有效性的确凿证据。这个动物明显地处于两个界线分明的动物类群（爬行动物和鸟类）之间的过渡状态。

始祖鸟化石的年代距今 1.55 亿～1.35 亿年，处于中生代中期，即所谓的爬行动物时代。它的栖息地似乎是一个干燥的热带海岸，有含盐度很高的潟湖，与今天委内瑞拉东北部海岸似乎没有什么不同；植被可能以苏铁类的裸子植物为主，包括形似棕榈的种类；空中有几种会飞的爬行动物（翼龙）。不管始祖鸟的祖先是树栖的还是陆生的，专家们普遍认为这种生活在树上的动物行为可能很像现代的冠雉，即沿着树枝行走，再从一棵树滑翔到另一棵树。它的骨骼和羽毛结构则显示它可能具有一定程度的动力飞行能力。它翅膀弯折处也有长长的爪子，大概是用于在热带的树冠层爬行。

始祖鸟化石所具备的声名和细节使它成为古生物学者

寻找新的"原始鸟类"时意欲立志超越的目标，现在已经有了几种候选的对象。中国科学院的侯连海与周忠和在中国北部和东部的湖底沉积物当中发现了许多鸟类化石，其中一种可以说是始祖鸟最有力的竞争者，它在1995年被命名为圣贤孔子鸟（*Confusiusornis sanctus*）。从地质年代上看，圣贤孔子鸟被认为跟晚侏罗世的始祖鸟处于同一时代，它身上结合了始祖鸟的许多原始特征和更多的现代鸟类特征。圣贤孔子鸟并没有牙齿，发现的化石中有一件显示它的身体被羽。

白垩纪的鸟类。离开侏罗纪，我们就进入了另一个地质时期，在该阶段地球上的生命及地球表面都经历了一系列显著的变化。从距今1.46亿年至6500万年前白垩纪的8000万年间，现有的大陆板块已明显分隔开来，这就对物种的分布产生了重大影响；开花植物也出现了，而随着早期孢子植物的减少，阔叶林占据了优势；大型恐龙在世界范围内大量繁殖并随后衰落，有袋类和早期有胎盘类哺乳动物开始演化形成。在白垩纪末期，一颗（也可能是数颗）陨石以每小时8万多千米的速度撞击地球，这个事件或一系列的火山爆发造成了一场全球性灾难，引发了火灾、海啸。其后形成的包裹地球的尘埃云要么阻挡了太阳光线使地球降温，要么产生了温室效应而让地球变暖。其结果就是地球进入了一段大规模物种灭绝时期，其间白垩纪大量繁殖的恐龙和其他众多物种从地球生物群当中彻底消失。这起或者一系列改变世界的事件可以在地层中检测到，即在大气层变洁净时沉降下来一条薄薄的尘埃线。这条线被称为白垩纪－古近纪界线（K-T 边界），标志着白垩纪和古近纪之间的分界，也是生物学上不同的两个世界之间无形的时间区隔。

早期现代鸟类

　　白垩纪鸟类里面最著名的例子或许是两类具有牙齿的海鸟，最典型的代表是黄昏鸟属（*Hesperornis*，意为"西部鸟"）中类似潜鸟的物种和鱼鸟属（*Icthyornis*，意为"鱼鸟"）中类似燕鸥的成员。这两类似乎都已经或几乎遍布世界各地，并且演化出了各式各样的物种。已知包含 13 个种的黄昏鸟属是体长可达 165 厘米的大型潜水鸟类，它们两翼退化，巨大的划水足位于身体的最末端，就像现在的潜鸟和鸊鷉一样；它们足上有瓣状蹼，跟今天的骨顶鸡和瓣蹼鹬大同小异。潜水鸟属（*Baptornis*，意为"浸水鸟"）与黄昏鸟属亲缘关系比较接近，形态也较为相似。我们从跟有些潜水鸟属遗骸一道被发现的粪化石上可以知道这些鸟以食鱼为生。

从骨骼特征来看，鱼鸟属和与其相似的虚椎鸟属（*Apato-rnis*）是飞行能力很强的捕食性物种，它们在白垩纪晚期的北美内陆海域及周边觅食。从蒙古的湖床沉积物中发现的渐始鸟（*Ambiortus dementjevi*）在解剖学上与鱼鸟属和虚椎鸟属非常相似，但它是一种可以追溯到白垩纪早期的陆栖鸟类，是目前已知最古老的今鸟类。

关于渐始鸟有 4 点需要记住：①它们在结构上更接近现代鸟类，而不是始祖鸟；②尽管如此，它们仍然保留了一个明显的爬行动物特征，即牙齿有根且嵌在牙槽里；③虽然它们"现代"且类似"潜鸟"（或类似"燕鸥"），但它们与在古近纪演化的潜鸟和燕鸥之间并没有系统发育关系；④在白垩纪的大部分时间里，它们是多样的、非常普遍的、广泛分布的，在白垩纪末期逐渐减少（可能是因为内陆海面积正在缩小），然后在白垩纪－古近纪界线灭绝事件中随着恐龙一起彻底消失。

过渡性鸻鹬类

由于已知并没有带牙齿的鸟类或早期的现代鸟类从

白垩纪—古近纪界线灭绝事件中幸存下来，同时在白垩纪也没有确切证据表明诞生了哪个科的现代鸟类，所以我们就面临了两个问题：古近纪如此多样的鸟类区系究竟从何而来？其遗传根源是什么呢？回答这两个问题的一个方法是直言我们还不知道，并鼓励古鸟类学家继续挖掘。然而，使用近期鸟类的 DNA 作为"分子钟"，一些鸟类学家已经得出结论：超过 20 个目在白垩纪已经比任何化石证据都要早地得以演化，并由此跨越了白垩纪—古近纪界线。虽然上述主张在许多方面受到了质疑，但更多化石的发现必然有可能改变我们对白垩纪—古近纪界线灭绝事件的看法。目前，这个难题的主要假说涉及一些已知的化石物种，它们可能已经穿过了白垩纪—古近纪界线。在这些"过渡性鸻鹬类"当中，有些物种曾被鉴定为现代的潜鸟、管鼻类、鸬鹚、红鹳和秧鸡，现在则被认为属于鸻形目（鸻形目包括现代的鸻、鸥类和相关种类）。不幸的是，这些化石要么严重残缺，要么年代不确定，或者两者兼而有之。在更好的证据出现之前，任何权威人士都不会草草做一个如此重要的判断。支持鸻鹬类假说的一个有趣的论点是，这些鸟可能已经较好地适应了白垩纪—古近纪界线灭绝事件的影响而幸存下来。如果地球经历了一段因为阳光被遮挡而导致光合作用受损的时期，那么许多依赖植物生存的物种和它们的捕食者都将会迅速灭绝，而像鹬和沙鸡这样可以依靠取食种子和无脊椎动物卵存活的物种将更有能力渡过难关。

古近纪"大爆炸"。如果说白垩纪以大爆炸的方式结束，那么古近纪的早期也具有一定的爆炸性，不过是以另一种形式。我们更倾向于认为，演化是一个近乎痛苦的渐进过程，微小的增量变化需要数百万年的时间才能完成。但是化石记录却表明，至少在某些情况下，演化的"机会"允许某些生物群体（按地质标准）迅速地实现多样化，从而填补新出现的生态位。白垩纪—古近纪转换的漫漫长夜之后，黎明终于来临，揭开了一个现存物种更少的世界，等待着新的动物生命组合重新占领。恐龙留下的空白为一些令人生畏的大型鸟类崛起腾出了空间，最终一个新的大型哺乳动物群出现了。进入古近纪的较小的"过渡性"鸟类都有了各自的位置，并经历了各文献中频频提到的爆炸性辐射演化，这种辐射在短短几百万年内就"发明"了现代鸟类。到了始新世，也就是新时代刚刚开始后的1000万年，除了雀形目鸟类之外，所有现代鸟类的目都已演化出现，并且留下了骨骼化石来证明这一点。雀形目鸟类在距今 3400 万 ~ 2300 万年的渐新世仍然不见踪影，到中新世经历了属于它们轰轰烈烈的辐射演化，导致超过 50% 的现代鸟类出现。几乎是跟古近纪的演化创造力爆发一样令人着迷的情况，一旦现代鸟类的各个属出现，适应辐射的扩张就几乎停止了，大自然将自己限制在物种层面的微调延续至今。假若穿越时空旅行的观鸟者回到 1000 万年前的中新世，尽管遇到的许多物种可能会令他们困惑，但想必还是能够认出其中绝大多数的属。（有朝一日当穿越时空的旅行变为现实，观鸟者可别忘了将旅行目的地设为上新世——也就是仅仅将时光再倒回约 500 万年，当时地球上的鸟类多样性可能达到了最为鼎盛的时期，潜在的"加新机会"或许可多达 15 万种。）

冰川与人类。 在第四纪（从更新世初期至今），从古近纪开始的地球气候逐渐变冷，在整个北半球一系列的

对于观鸟者来说，见到从未观察过的新鸟种被称为"加新"，通常会在一个鸟种清单上钩选相应的种类加以记录，因此在英语里用"打钩"（tick）来形容这种行为。此处指回到上新世的话，可能有机会见到 15 万种鸟类，也就是可以打 15 万次钩（ticks）。

冰川进退过程中达到了顶峰。受周期性"冰河时代"的影响，两极化且具强烈季节性的气候的出现对地球生物（包括鸟类）区系的分布产生了广泛影响。这种气候产生了多重影响，包括创造了极热和极冷，以及干燥和潮湿的区域，许多情况下这些区域就充当了促进物种形成的生态隔离机制。

随着冰川的推进，它们将热带栖息地及其居民推向了赤道，将物种困在了山脉顶部，这可能是导致迁徙模式演化的主要因素。虽然我们有理由怀疑，这些无情的冰川加速了许多在更新世消失的鸟类的灭亡，但冰川对更新世生物最重大的影响却可能是间接的。在冰盛期，地球上大部分的水都变成了冰，导致海平面下降了数百米，也创造出了连通大陆的大陆桥——在此之前各大陆被海洋相互隔离。大约 14 000 年前，人类第一次从今天的西伯利亚走过白令陆桥进入美洲。短短 2000 多年后，我们就抵达了南美洲最南端的合恩角。

人类抵达的美洲大陆生活着被称为更新世巨型动物群的众多生物，包括种类众多的象、马和其他食草动物，许多食肉动物，比如带有剑齿的大型猫类 [剑齿虎属（*Smilodon*）和其他属的成员] 和恐狼（*Canus dirus*），众多食腐动物群落（包括异鹫类，以及体形相对较小、在更新世繁荣起来的加利福尼亚州神鹫）。有些研究更新世巨型动物群及其消亡的学者最近令人信服地指出，在人类到来之后不久，这个巨型动物群就崩溃了。这可能并非单纯的巧合。这与许多大型动物 [尤其是大型鸟类（如象鸟、恐鸟、渡渡鸟、大海雀）] 的命运是一致的，在遭遇人类之后，它们很快就走向了灭亡。

目前认为自更新世末期以来没有再演化出新的鸟类物种，而且过去 300 年间大约有 80 种鸟类灭绝，始于末次间冰期的鸟类多样性下降趋势仍在继续——这就主要"归功于"人类了。

另见词条：巨鸟（Giant Birds）

大降落

　　"大降落"是观鸟者间的行话，指迁徙过程中大量候鸟突然降落到地面，通常是因为受到天气情况的影响，如大雾或与迁徙路线相反方向的锋面。在从热带越冬地返回途中，一夜之间突然集中出现在第一处可以落脚的滨海栖息地的一大波候鸟即是大降落的一种表现形式。不过，数量较少的罕见物种在恶劣天气（如热带风暴）中失去方向或飞过了预定目的地，在正常分布范围之外紧急着陆也算是大降落。

小　说

　　除了站在航海船长肩上的奇怪鹦鹉或用作道具的笼中金丝雀，出现在小说中的鸟类通常只充当背景和制造气氛的摆设。热爱自然或热衷于户外活动的小说家常常会借助海鸥的盘旋和叫声来营造海岸的氛围；不着墨于欢快的鸟鸣，则很难令人信服地描绘春天；从田野或森林传来欣喜若狂的鸟鸣就像野花的香气一样，对于在户外谈情说爱的情节来说不可或缺；在写到热带风光时，为了突出真实，作者常有强烈的冲动来描写一些"奇怪的"或色彩鲜艳的鸟。

如果运用得当，这些对鸟类的描写可以增强对于鸟类有所了解的读者的阅读体验；倘若作者没有做足鸟类学方面的功课，则有可能闹出笑话。然而总体而言，鸟类在小说中发挥的影响是微不足道的。

在某些奇怪的情节里面，鸟类承担了比往常更为突出的角色：

乔纳森·斯威夫特（Jonathan Swift）1726年出版的《格列佛游记》（*Gulliver's Travels*）中，主人公被一只"比英国天鹅稍大"的巨型朱顶雀"困住"，还险些被一只叫声听起来有点像红隼的"鸢"袭击。

埃德加·爱伦·坡（Edgar Allen Poe）1838年出版的《亚瑟·戈登·皮姆的故事》（*The Narrative of Arthur Gordon Pym of Nantucket*）包括了对南极海洋鸟类相当详细和（总体而言）比较准确的叙述，为后面的章节恰到好处地增添了怪诞的色彩。他还"发明"了一些物种，例如

"黑鲣鸟"。

威廉·亨利·赫德森（William Henry Hudson）1904年出版的《绿色大厦》（*Green Mansions: A Romance of the Tropical Forest*）对热带森林鸟类的描述带领读者穿越了这片潮湿、浪漫的荒野。赫德森在 1918 年出版的回忆录《远方与往昔》（*Far Away and Long Ago*）中回忆了他在阿根廷潘帕斯草原上沉浸于大自然的少年时代，从鸟类学和文学的角度来看，这本书要出色得多。

西奥多·德莱塞（Theodore Dreiser）1925 年出版的《美国悲剧》（*An American Tragedy*）中著名的溺水场景（第二册，第四十七章）描写了阿迪朗达克荒野中到处都是鸟，它们或发出不祥的叫声，或用美妙的歌声、鲜艳的羽毛与溺水这个可怕的场景形成鲜明对比。尽管德莱塞运用鸟类形象达到了出色的文学效果，但他却对鸟类学并不感兴趣。不过，他在描写纽约北部的鸟类时加入了一种加勒比地区特有的鸟类——黄肩黑鹂。谋杀情节中这种阴险的鸦科鸟类（文中称作"weir-weir"）在枯树的树枝上边跳跃，边发出"kit，kit，kit ca-a-a-ah"的叫声。

玛丽·麦卡锡（Mary McCarthy）1971 年出版的《美洲鸟类》（*Birds of America*）里的中心人物是一个年轻（敏

感）的观鸟者，这本书是关于他青春期末期的一段故事。小说本身从许多鸟类的"个性"和习性中获得了一些有益的启示。

彼得·马修森（Peter Matthiessen）是一位敏锐的观鸟者，也是一位出色的自然世界记录者。他经常在小说中加入鸟类形象，包括 2008 年出版的背景设在佛罗里达州大沼泽地的史诗作品《阴影国度》（*Shadow Country*）。

约翰·罗纳德·瑞尔·托尔金（John Ronald Reuel Tolkien）在小说中巧妙地运用了威严的雕、庄重又警觉的渡鸦，更不用说《霍比特人》（*The Hobbit*）里那只睿智的鸫了。托尔金是英国人，他的魔戒宇宙也是植根于英国的，所以他笔下的"thrush"应该不是北美的旅鸫。

当然，还有霍格沃茨魔法学院的猫头鹰，包括哈利·波特的信使雪鸮、罗恩·韦斯莱的宠物角鸮、德拉科·马尔福的"魔宠"鹰鸮，还有送邮件的成群的西灰林鸮。

以上当然不是对小说世界当中的鸟类的全面梳理，不过可能会激励一些人去做全面的研究。

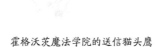

霍格沃茨魔法学院的送信猫头鹰

Flightlessness

不能飞行

将一只不会飞的鸟比作一条不会游泳的鱼很吸引人的眼球，但事实证明这是一个糟糕的类比。除了雨燕等极少数的例外，鸟类往往会像适应空中生活一样适应地面或水中的生活。如鸥类，似乎在海、陆、空都能"如鱼得水"。因此，一直以来不断有鸟类以牺牲飞行能力为代价演化出陆地生活方式，这点并不令人意外。现在普遍认为所有不会飞的鸟类都是会飞祖先的后裔。

尽管始祖鸟毫无疑问是后来有着更强飞行能力鸟类的先驱，但是它本身的飞行能力却很差，两翼驾驭空气的能力也有限，仅仅能满足于从一棵树滑行到另一棵树，就像今天的鼯鼠一样。在白垩纪晚期，黄昏鸟属的潜水鸟类只有极为退化的翅膀，它们在水面和水下生活，强健的、会飞的爬行动物则拍打着翅膀在其头顶上翱翔。不能飞行的陆栖鸟类通常表现出明显的保护性适应，以弥补无法逃逸至空中的"缺陷"。在多数情况下这种适应表现为巨大的体形，不过新西兰的几维鸟则依靠隐秘的夜间活动而非体形来保护自己。

不会飞的鸬鹚、鸻鹬、野鸭和秧鸡在与世隔绝的岛屿或湖泊这样缺乏天敌的情况下演化而成。因此，当人类及其带来的"随从"——老鼠、猪、猫和狗登上它们的领地时，不能飞的鸟类没有任何有效的防御。由于人类的麻木不仁和"本地居民"无力逃离等原因，许多独特的物种（如渡渡鸟和大海雀）如今已不复存在；幸存下来的物种几乎也无一例外地受到严重威胁。鉴于其显而易见的缺点，人们不得不问，不能飞行的补偿是什么呢？除了在没有捕食者的岛屿上，非迁徙物种不再需要飞行能力之外，从达尔文开始人们就提出不能飞可能会降低它们（昆虫和鸟类）被吹到海里的风险。

在现代不能飞行的鸟类当中，企鹅是独一无二的，跟鸵鸟和其他平胸鸟类不同，企鹅并没有失去飞行能力，而是转为适应游泳。"平胸鸟类"指胸骨上没有龙骨突的鸟类，而会飞鸟类提供飞行动力的胸肌就附着于龙骨突。企鹅既有龙骨肌也有飞行肌，但它们的两翼变成了鳍状肢，就不在空中而是在水中"飞行"了。

如果我们观察一下现生鸟类，就会清楚地看到飞行能力并不表现为简单的"有"或"没有"，而是在不同物种之间有着很大的差异。例如信天翁、兀鹫和海雀这样的鸟类，在适当的条件下是飞行能手，但在其他条件下却不能飞离地面。许多物种的飞行能力足够强，但飞行的频率相对较低，它们的大部分能量都花在水中（鹛鹛）或地面上（许多雉类）。即使是同科的物种，飞行能力也会千差万别。许多种的杜鹃是优雅的飞行者和长距离迁徙者，跟它们存在亲缘关系的犀鹃却看起来几乎连马路都飞不过去，哪怕它们拼命地拍打短翅膀，然后像始祖鸟一样进行长时间的滑翔；体形巨大的走鹃虽然明显比犀鹃更厉害，但它们几乎从来不飞，而是更喜欢奔跑——甚至连逃命时也是如此。

唯一被怀疑不会飞行的雀形目鸟类是斯蒂芬岛异鹩（Stephen Island Wren）。它是新西兰特有鸟类，属于种类很少的刺鹩科。据说它会像老鼠一样在地上跑来跑去，但其真实的习性鲜为人知。该种在 1894 年被发现之后不久就宣告灭绝。它的翅膀结构表明其可能具有微弱的飞行能力。[1]

另见词条：巨鸟（Giant Birds）。

---

[1] 斯蒂芬岛异鹩是新西兰斯蒂芬岛的特有鸟类。1894 年，该岛灯塔看守人饲养的猫不断带回小鸟，他便将其中一只做成标本送回首都惠灵顿，经鸟类学家研究发现竟是个未被描述的新种。万分遗憾的是，在猫毫无节制地猎杀之下，到了 1899 年，斯蒂芬岛异鹩就宣告灭绝了。

高斯法则（又称竞争排斥原则）

高斯法则认为没有2种（或2种以上）生态需求完全相同的生物能够在同一环境中永久共存，因为不可避免的竞争总是有利于其中的一个物种。因此，人们通常会发现鸟类（和其他动物）在特定的栖息地占据着不同的生态位。

Giant Birds

巨　鸟

有史以来最令人惊叹的鸟类是冠恐鸟属 [*Gastornis*，曾被置于不飞鸟属（*Diatryma*）]，其中最大的一种高近2米，体重接近180千克。人们在美国新墨西哥州、科罗拉多州、怀俄明州、新泽西州和加拿大北极高地，以及欧洲的古新世和始新世早期沉积物中都发现了冠恐鸟属巨鸟及与其类似的不会飞的巨鸟的遗骸，它们可能与鹤或雁有着

有"猎物"的冠恐鸟（*Gastornis gigantea*）

亲缘关系。鉴于它们巨大的喙和强壮的身体，人们普遍认为冠恐鸟是凶猛的捕食者，会在旷野里追捕猎物。然而，另一种理论则认为它们巨大的喙是用来啃食植物的，这些大鸟在洪泛平原的灌木丛中游荡，啃食灌木。南美洲与它们类似但更敏捷的恐鹤鸟（phorusrhacids）仍被视为奔跑迅速的捕食者。当巴拿马陆桥让北美的哺乳动物捕食者得以向南入侵时，这些长有羽毛的怪物和南美洲的其他动物一起灭绝了。不过在此之前，一种3米高的恐鹤鸟——泰坦巨鸟（*Titanis walleri*）就向北进入了佛罗里达州，它在那里可能以体形如小鹿般的猎物为食。

这时期另一巨型鸟类的残骸是出土于加利福尼亚州的一只海鸟，其翼展近5米（今天的漂泊信天翁和皇家信天翁最大翼展记录为3.4~3.7米，具有现生鸟类当中最大的翼展）。令鸟类学家更感兴趣的是其颚骨中长出的齿状结构，该结构也是其属名"*Osteodontornis*"（骨齿鸟，bone-tooth bird）的由来。最后，巨鸟的代表还包括身形巨大的异鹫，比如北美的风神鹫（*Teratornis incredibilis*），翼展5.2~5.8米，体重超过18千克；它来自阿根廷的表亲阿根廷异鹫（*Argentavis magnificens*）体重近73千克，翼展可达7.9米，是目前已知最大的飞鸟。

出现时间距离现在更近的马达加斯加巨型象鸟被认为体重可达半吨。最大的澳大利西亚巨型恐鸟身高可近4米——这样的块头足以吓走大多数的捕食者；不过在新西兰有一种专吃恐鸟的巨雕。

当然大多数现存的平胸鸟类（如鸵鸟、鸸鹋、食火鸡和美洲鸵）的体形也很大。

另见词条：平胸鸟类（Ratites）。

Goatsucker
夜　鹰

这是个广泛使用的英文名，在北美尤其如此，被用于称呼夜鹰科（Caprimulgidae，字面意思是"山羊挤奶工"）的多数成员。相传该科鸟类会在夜晚吮吸山羊和其他牲畜的奶头，并最终导致它们消瘦。这种说法至少可以追溯到亚里士多德的时代，至今依旧在许多文化中流传。夜鹰奇特的外表、夜间活动的习性和诡异的叫声无疑强化了这一传说。

勒德洛·格里斯科姆

勒德洛·格里斯科姆是现代美国观鸟事业的守护神。作为位于纽约的美国自然博物馆及哈佛大学的鸟类学家，他的主要专业贡献是对墨西哥和中美洲鸟类的研究。他一生的成就证明了"观鸟"并不需要用枪——除非是在不可能进行野外识别并且需要标本记录的情况下——富有经验的聪慧的观察者是可以依靠观察就将大多数鸟类准确无误地识别出来的。格里斯科姆在这一领域的才华和他对野外鸟类学"运动"的热情，以及他的大批门徒［包括罗杰·托里·彼得森（Roger Tory Peterson）］在很大程度上造就了当今众多的观鸟者，并满足了人们对优秀的光学设备和全面的野外观鸟图鉴的需求。格里斯科姆对野外工作的热爱体现在他的著作当中，这些作品主要跟鸟类的分布有关。

另见词条：罗杰·托里·彼得森［Peterson, Roger Tory (1908—1996)］

Guano

海鸟粪

海鸟粪最初指南美鸬鹚（*Phalacrocorax bougainvillii*）和其他在南美洲西海岸岛屿筑巢繁殖海鸟的排泄物。在最大的海鸟集群繁殖地，海鸟粪能累积到相当可观的厚度，能被"商业化开采"用于制造肥料和火药，因此成为秘鲁的主要出口产品和收入来源。然而到了19世纪末，

南美鸬鹚

不计后果的"开采"耗尽了几个世纪以来积累的海鸟粪资源。近些年来，人们试图在海鸟粪的采集与累积之间取得平衡。

在世界其他地方，别的种类群居鸟类的排泄物也已得到利用，不过海鸟的食物偏好和南美洲西海岸的干旱气候非常适合产出具有商业价值的富含氮元素的海鸟粪。

这个术语现在被更广泛地用于其他动物的排泄物，如"蝙蝠粪"。

另见词条：便便等（Poop, etc.）

翠 鸟

"halcyone"是一个别号，是由一个奇特的比喻和不太准确的鸟类学词语组合而成的形容词，形容平静、安宁，例如"太平的日子"（halcyon day）。

海尔赛妮（Halcyone）是古希腊的女神，听闻丈夫希

撒哈拉以南非洲的灰头翡翠

克斯（Ceyx）遭遇海难后悲痛欲绝而最终跳海（Halcyon
和 Ceyx 都已被用作不同翠鸟类群的属名 ）。众神怜悯这
对夫妻，把他们都变成了翠鸟。根据这个传说，人们相信
翠鸟会于临近冬至时在海面上筑巢繁殖 2 周，并且有能力
平息海浪以促进孵化过程。

请注意，世界上现生 95 种翠鸟里的大部分种类并不
会抓鱼 ，而且绝大多数翠鸟都会避开海水；翠鸟所有种类
都在土洞里筑巢。

Handedness/Footedness
惯用手或惯用脚

很少有研究去确定鸟类在多大程度上是"左撇子"或
"右撇子"（在这种情况下，准确地说是惯用左脚还是惯用
右脚），这或许并不奇怪。有证据表明，至少某些鹦鹉、
鹰和鸮类的大多数个体是"左撇子"，野鸽（或许还有它

1　*Halcyon* 指白胸翡翠属，*Ceyx* 则是三趾翠鸟属。
2　本书写作时间为 2020 年，按照最新的分类，翠鸟科如今已经至少
有 114 种。

"左撇子"鹦鹉

们的祖先野生原鸽？）则可能主要惯用右脚。还有证据表明，在某些情况下惯用的那只脚会比另一只脚稍长一点点，并且某些鸟类个体似乎双脚都很灵巧。

Hawkwatching

观　猛

近几十年来，观猛这种观鸟方式已经自成一派，这毫无疑问要归功于猛禽与生俱来的魅力，以及它们在迁徙过程中令人印象深刻的聚集程度。出现在空中的鹰河和鹰柱是因为迁飞的猛禽要依赖气流（如上升气流）来完成它们的旅程，它们会在自然界中寻找具备这些条件的地方。猛禽会在白天大批迁徙，且持续的时间很短。在春季或秋季合适的日子，如果观鸟者来到正确的山头、山脊、湖岸或地理上的"死胡同"（想想新泽西州的开普梅县），就能目睹大自然令人激动的奇观之一。北美最早的观鹰点是宾夕法尼亚州的鹰山，几十年来其他一些传统观鹰点也吸引了不少观鸟者。不过，新生的观猛爱好者近来正在积极寻找未被发现的观察点（他们已在世界范围内找到了数百个"新"的观鹰点），并且开始用系统的方式统计猛禽数量，以促进对它们的保护。

针对这个主题，现在已经有了规模不大的参考书目和一些全球性组织，例如北美迁徙猛禽协会（Hawk Migration Association of North America，HMANA），其使命是"通过科学研究、享受和欣赏猛禽迁徙来保护其种群"。

另见词条：翱翔（Soaring）。

Hearing

听 力

鸟类是擅长运用声音的动物之一，因此它们拥有良好的听觉能力也就不足为奇了——至少在它们物种发声的频率范围内是如此。求偶和占区鸣唱、亲鸟和幼鸟之间的声音信号、警报音、威胁声、群居鸟类的叫声及捕食者发出的声音是鸟类生活中的重要元素。当然，除非它们能被听到，否则毫无用处。

我们从以下 3 个方面介绍鸟类听力：

鸟的耳朵。鸟类缺少哺乳动物那种十分显眼的外在的肉质耳朵，它们的耳孔通常完全隐藏在耳羽下面。这些羽毛在飞行时可保护内耳免受风的扰动，同时又允许声音通过。企鹅和其他潜水鸟类的耳羽变厚，起到了耳塞的作用。外耳周围的皮肤和肌肉适应不同类群所需的特殊功能。深潜的鸟类可以关闭从耳后边缘延伸出的皮瓣。鸮类的耳孔前后都有皮瓣，可以改变开口的大小和方向，以便聚拢声音和增强听觉能力。鸮类的耳朵还有一个独到之处（目前所知是独一无二的），那就是其位置（一只比另一只高）和内部结构都不对称，这些都是适应在黑暗中定位猎物的特殊构造。

鸟儿能听到什么。为了有意义地比较人类听力和鸟类听力之间的区别，诸位读者要回想一下声音是以声波振动通过空气的速率来记录的，称为每秒周期数 [单位为 cps 或赫兹（缩写为 Hz）]。每秒周期数越多，频率或音调也就越高。正常人耳能听到的声音在 20 ~ 17 000 赫兹（最大 23 000 赫兹），狗可以听到高达 45 000 赫兹的声音，所有鸟类已知的听觉范围在 34 ~ 29 000 赫兹。然而，任何一种鸟类能听到的音域都明显小于我们：人类能听到大约 9 个八度音阶，鸟类平均只能听到 5 个左右。鸟类的听觉也不是特别敏锐，在整个频谱范围内，人类通常能够捕捉到大多数鸟类听不到的更微弱的声音。

按照逻辑不难理解，鸟类更有可能听到与它们自己发出的属于同一音域的声音。许多小型雀形目鸟类能够鸣唱，并且听到比人类可以感知到的频率更高的声音。然而，它们听不到我们很容易接受的几个较低的八度音阶。例如，这些鸟类中的"男高音"和"女高音"往往听不到相对低频的人类声音，因此某些喋喋不休的观鸟者通常只会打扰到自己的观鸟同伴，但不会影响自己的观察对象。

至少有些鸟的听觉比我们更"快"。将录制的鸟鸣放慢速度播放可听到我们在正常速度下听不到的音符。研究也已证明，模仿其他鸟类鸣声的鸟在效鸣里面包含了这些快速的音符。

用途。 鸟类用声音进行交流，也用声音寻找食物。1962 年，生物学家罗杰·佩恩（Roger Payne）揭示了仓鸮如何在黑暗中通过老鼠的吱吱声和窜行时窸窸窣窣的声音来精确锁定猎物的位置。有证据表明，旅鸫、鸻和其他在地面上寻找无脊椎动物的鸟类可以听到它们的猎物在地表下的移动声——啄木鸟可以听到幼虫和其他栖息在树皮和树干上昆虫的移动声。

研究表明，家鸽可以探测到"次声"（频率低于 20 赫兹），包括由地质构造扰动引起的振动，以及更单调的声音（比如海浪拍打海岸的声音），并且可以在很远的距离外就能探测到。这就可以解释为什么鸟类能"预测"地震。例如，在人们感觉到地震之前，公鸡就会发出警报。然而，鸟类听不到蝙蝠赖以生存的超声波（非常高频的声音）。

蝙蝠高度发达的回声定位能力已经在南美洲的油鸱和亚洲的金丝燕等生活在洞穴的鸟类身上得到了证实。不过，这些鸟利用洞穴反弹回来的咔哒声来避免撞到墙壁，这种声音完全在正常的听力频率范围内，因此比蝙蝠使用的超声波信号要粗糙得多。

另见词条：鸣唱（Song）

Hemenway, Harriet Lawrence (1858—1960)
哈丽特·劳伦斯·海明威

哈丽特·劳伦斯·海明威是马萨诸塞州奥杜邦协会的创始人之一，她与表妹兼邻居明娜·霍尔（Minna Hall）一起创立了该协会，推动了美国的野生动物保护运动。凭借出身和婚姻，海明威夫人跻身波士顿富裕显赫的上流阶层（也被称为波士顿的"婆罗门"）。1896 年 1 月的一个早晨，她在报纸上读到数百万只鹭被屠杀的消息，这些鹭的羽毛被用来装点时髦女士的帽子。由于最有价值的羽饰只在繁殖季节出现，亲鸟被杀死和拔毛，就会导致大量的幼鸟白白死去。当时，使用超过 50 种鸟类的羽毛——有时甚至是整只鸟——已成为利润丰厚的女帽产业支柱。

这种做法在当时已经导致佛罗里达州的鹭类和新英格

羽毛装点的女帽

兰的燕鸥繁殖集群大量死亡，因此海明威夫人和她表妹决心结束这一恶行。她们翻阅《波士顿蓝皮书》（这是一份富有家族的名单）后举办了一系列的茶会，借机请求自己的贵族伙伴——其中大多数可能都佩戴羽饰——放弃这种习惯，并"努力阻止购买或佩戴羽饰，以此保护本地鸟类"。

不到 1 年的时间，她们就吸引了 900 多名女士参与进来，并获得了波士顿顶尖科学家和鸟类保护倡导者的支持，还建立了马萨诸塞州奥杜邦协会（它至今仍是规模最大的州级独立奥杜邦协会）。该协会最初的主要目标之一就是激励其他州建立类似组织。到 1897 年，宾夕法尼亚州、纽约州、缅因州、科罗拉多州和华盛顿哥伦比亚特区都成立了奥杜邦协会。这些组织很快合并为一个全国性的"协会"，最终成了美国奥杜邦协会。马萨诸塞州在1897年也通过了一项禁止野生鸟种羽毛交易的法令。

毫不奇怪，从羽毛贸易中获取了巨额财富的有权有势的大亨和他们在各级立法机构的支持者，对于会失去不义之财的威胁不以为然。起初，他们嘲笑这些早期鸟类保护运动为"女士俱乐部"，诧异于为什么会有人关心"生活在沼泽中、吃蝌蚪的长腿、长喙、长脖子鸟"。正如密苏里州的联邦参议员詹姆斯·A.里德（James A. Reid）于1913年在参议院提出的问题："为什么我们会为有些女士用一根羽毛装饰她们的帽子就陷入疯狂呢？"他继续说道："这似乎就是羽毛唯一的用途，我们有什么可担心的？"

然而，当时的羽毛商人、猎人和商业游说机构低估了奥杜邦协会的女性创立者。这些受过良好教育、独立自主、精力充沛的女性深受波士顿自由社会价值观的熏陶，她们所在的精英阶层孕育了美国的废奴运动之一。[有一次波士顿的酒店拒绝为布克·T.华盛顿（Booker T. Washington）提供住宿，海明威夫人则向他敞开了家门。]跟21世纪20年代一些看似突然的社会觉醒相仿，当时美国的大部分地区开始意识到保护野生动物的重要性，并厌弃了对野生动物的肆意屠杀，然后纷纷以惊人的热情拥抱早期的保护运动。

1900 年，在草根环保人士的推动下，美国国会通过了《莱西法案》[Lacey Act，以艾奥瓦州众议员约翰·莱西（John Lacey）的名字命名]，禁止在违反本州法律的情况下进行州际动物贸易。随着各州通过的鸟类保护法越来越严格，执法力度越来越大，《莱西法案》不仅逐渐结束了羽毛贸易，也结束了贸易狩猎——正是这项活动将旅鸽和极北杓鹬推向了灭绝的深渊，并导致许多其他野生鸟种数量急剧减少。

鸟类保护运动从一开始就由女性领导，她们建立组织，支持、管理、宣传栖息地保护，这些都是有效保护的基础所在。值得一提的是，哈丽特·劳伦斯·海明威、明娜·霍尔和其他成千上万的妇女在争取到女性投票权的24 年之前就开始了她们的运动。

另见词条：英国皇家鸟类保护协会 [RSPB (Royal Society for the Protection of Birds)]；约翰·詹姆斯·奥杜邦（约 1785—1851）[Audubon, John James (ca. 1785—1851)]。

希尔德加德·霍华德

希尔德加德·霍华德被称为"你可能从未听说过的最伟大古鸟类学家"。她最初在加利福尼亚州大学洛杉矶分校主修新闻学，后在一位教授的劝说下转向古生物学，最终在加利福尼亚州大学伯克利分校获得古生物学博士学位，她的博士论文研究了加利福尼亚州旧金山湾埃默里维尔的埃默里贝丘发现的鸟类化石。

霍华德最为人所知的成就当数她在洛杉矶拉布雷亚沥青坑的发现，特别是拉布雷亚雕类和形似雕的鹫类。她在

希尔德加德·霍华德手中的异鹫头骨

洛杉矶县自然历史博物馆度过了职业生涯的大部分时间，并最终成为首席科学馆馆长。她在博物馆共描述了3科13属57种及2亚种的鸟类化石。

Identification

辨　识

迈入 20 世纪，辨识鸟类仍然是"野外鸟类学家"在结束一天的工作之后待在书房里，或是因恶劣天气被迫在室内时不得不干的事情。这第一批"观鸟者"会花整天时间探索树林和湿地边缘，胳膊下夹着猎枪，渴望实现艾略特·库斯的指令，把"所有能捉到的"都收入囊中。他们一回到家就开始测量样本，记录"柔软部分"的颜色，用棉花塞住它们的嘴，然后着手准备剥制标本。标本制作完成之后，如果采集人对于新的发现感到困惑，就会一手拿着存疑的标本，另一手拿着库斯的《北美鸟类名录》（或其他可靠的参考资料），开始辨识。手中长尾的霸鹟是否"3 到 4 枚初级飞羽边缘有凹缺；头黑色，顶冠有黄色斑"，还是"1 枚初级飞羽边缘有凹缺；头灰色"？如果符合前者，那么它一定是叉尾王霸鹟；如果是后者，则是剪尾王霸鹟。

虽然今天的鸟类学家和环志人员仍然使用带有系统化的量度或含糊的羽毛细节组合的检索表来识别"抓在手上"的鸟［在某些情况下，采集样本可能依然是需要的

（如果不是完全必须的话）]，但如今有了高质量的光学设备，人们更有可能通过远距离观察细微的羽毛细节来辨别鸟的年龄和性别，而不再需要把它们"抓在手上"。同样，所有野外辨识鸟类的大师可能都在环志站里花时间琢磨或者仔细研究过博物馆托盘上的标本，从而获取准确辨识需要关注什么的概念。但在20世纪20年代之前，很少有人会去尝试在野外全凭观察来识别鸟类，在面对如雀鹀和"秋天的森莺"这样"长得都差不多"的物种时更是如此。大约也是在那个时候，勒德洛·格里斯科姆和他迅速扩大的门徒队伍开始证明，借助一副望远镜，同时依靠对野外辨识特征的全面了解，我们可以确定地识别出绝大多数活生生的鸟类。在图文并茂的野外图鉴和不断改进的光学设备帮助下，这种洞察力开创了野外鸟类学的新时代，现在就被称为"观鸟"（少了几分精英主义色彩）。

"Birdwatching"和它更具运动感的变体"birding"，对不同的人来说意味着许多不同的事情，但是物种辨识对每个人的活动都是至关重要的。许多痴迷于观鸟的人也许

美洲的森莺科鸟类在春夏繁殖季节大多有着特征鲜明的羽毛，但到了秋季换上非繁殖羽之后就变得不易分辨，即文中所说的"长得都差不多"。

都记得吸引自己入坑的鸟种，比如在童子军营地瞥见的一只纹胸林莺，或是到佛罗里达州出差时注意到的一只琵鹭。不知何故，它们点燃了人们沉睡的自然好奇心，并使他们迫切地想要找一本书来查查看它们到底是什么鸟。你一旦认出了第一只鸟，就很难不对这个一直被忽略却突然在你面前打开的美丽世界充满好奇，也很难抵挡最初的几个月里通过逐渐探寻到的知识而不断认出大蓝鹭、野鸭、啄木鸟和拟鹂时的满足感。但当最红艳的主红雀、最光彩夺目的黄捕蝇莺开始变得有点无聊，而你发现自己反而在浏览野外图鉴中关于雀鹀的内容；或者你得出结论，所有的鹬突然看起来都好不一样还十分有趣，而非大同小异、分辨不清、令人泄气的存在；又或者你开始对海平线上方的微小移动物体感兴趣，而某些爱炫耀的人可能会自以为是地说出它们的种类：只有到了这些时刻，你才算真正被观鸟的魅力给牢牢勾住了。驱使现代严肃观鸟者的动机并非是对美学刺激或科学发现的渴求，甚至都不是"增加鸟种清单的诱惑"（尽管这些可能都是重要的附带奖励）。相反，许多鸟类看起来与其他鸟类非常相似，这是演化的偶然结果，而成功辨析出它们的差异，则将解决难题的兴奋和跟其他生命形式建立亲密关系结合在了一起。

观鸟新手很快就会对这一事实有了初步认识，例如他们会意识到嘲鸫和伯劳的外表很相似。但是，今天观鸟者的典范是牢记每一种叫声、每一个动作和姿势、每种的分布、出现的季节性，以及每一个可能划着水、振着翅或跳跃着进入他们视线的域外物种。她知道在哪里、何时及如何寻找鸟类；他则看清鸟类，听到它们的叫声，其敏锐程度足以让"门外汉"惊掉下巴；他们能够自信、快速且（通常被证明是）准确地识别远处或运动中的鸟类。这些做出表率的人物常常表露出一种自得的神气，但也乐于谦逊地承认他们偶尔也会犯错。

在上述现象出现的最初几十年里，观鸟者一个独特的乐趣就在于将野外辨识的"地平线"推得更远。传奇人物勒德洛·格里斯科姆直到去世前对许多野外辨识还存有困惑，这些问题现在已被专注于观鸟的青少年所解答。这点并未损害格里斯科姆的声誉，因为越来越多敏锐的眼睛、耳朵和大脑，遵循由他所开创的体系，热情地在野外仔细观察鸟类而产生合乎逻辑的结果。不断突破辨识障碍所带来的一个影响是我们会发现稀有鸟类其实并非那么难得一见：欧亚大陆的滨鹬突然间变成北美的常客了吗？可能并不是这样，而是更多人有能力认出它们了。

鸟类辨识日趋成熟的另一个标志是标准的野外图鉴在观鸟界资深人士眼中已逐渐过时。这个精英聚集的群体现在从野外鸟类学专业期刊和高阶野外图鉴中汲取养分。从不唱歌的纹霸鹟（*Empidonax*，纹霸鹟属）、鸥类亚成体到难以分辨的"秋天的森莺"，这些出版物几乎解开了所有的辨识谜团，其中大多数物种早已不再让资深观鸟者感到困惑了。

有些人对所谓的职业观鸟者的"专业"行为颇有微词。自称业余爱好者的人会说："我们单纯是为了乐趣而观鸟。"言下之意是你越是精通，那就变得越不好玩了。这当然是无稽之谈，而辨识出见到的所有鸟——无论多么难以实现——在智识层面和精神层面都是一个健康的目标。如果说从观鸟"大佬"身上特别容易看到某种性格缺陷的话，那一定是骄傲自大（例如，在一整天的出海观鸟行程里没有列出任何一只未识别的海雀类和贼鸥）和缺乏幽默感 [例如，总板着脸讨论一只冰岛鸥（Kumlieni）亚

出海观鸟受距离、光线、天气等因素的影响，必定会遇上没有办法准确识别的情况，此处用有些观鸟"大佬"不能坦诚地接受这一点来暗讽他们的傲慢。

种与泰氏银鸥杂交个体的可能性]。

浏览本词条想寻找"如何辨识鸟类"的读者要失望了，因为在本书作者看来，鸟类辨识技能是无法传授的。毫无疑问，鸟类的辨识确实有诀窍，但没有哪种诀窍可以像魔术师道破机关那样由一个知道的人通过口头传授给一个不知道的人。每个人都必须从零开始，虽说有些人生来就有敏锐的视力和听力（这些是观鸟最有用的能力），但不幸的是，这些能力并不是平等分配或是按需分配的。想要辨识鸟类的人除了最大限度地利用好自己的遗传优势，还应该做到以下4点：①在财力允许的情况下，买一副最好的望远镜，学会使用它，并且还要精心保养使其保持最佳状态；②记住——不，是刻在脑子里——所有可获取的鸟类图鉴和其他跟辨识相关的文献（忽略那些标榜解释如何观察鸟类的书籍）；③将你生命中能够用来观鸟的每分钟都用来外出寻找鸟类并以审慎的眼光观察它们与众不同的特点；④找和你一样聪明、一样热情、几乎和你一样了解鸟类的人当朋友，当好朋友。如果忠实地遵循上述方

现在主流分类观点多认为所谓的"冰岛鸥亚种"，其实是冰岛鸥和泰氏银鸥的杂交个体，并不是一个有效的分类单元。因此，讨论冰岛鸥亚种和泰氏银鸥的杂交并没有什么实际意义。

针，5 年后你仍然在说"那只沼泽带鹀的羽色比图鉴上的要棕好多"之类的话，可能就不得不认命这辈子你都会是个"菜鸟"了。令人高兴的是，这没什么好羞愧的，观察鸟类似乎在各个专业水平上都能带来同样的快乐。

另见词条：观鸟（Birdwatching）；艾略特·库斯 [Coues, Elliott (1842—1899)]；气质（Jizz）；列鸟种清单（Listing）；勒德洛·格里斯科姆 [Griscom, Ludlow (1890—1959)]。

Intelligence
智　力

诸如"笨鸟"（booby，也指鲣鸟）、"傻蛋"（dodo，也指渡渡鸟）和"傻瓜"（birdbrain，直译为小鸟脑袋）之类的词都不言而喻地传递了一个信息：鸟类不是太聪明。直到大约 20 年前，科学研究似乎证实了这一假设。大脑皮层——人类大脑的"灰质"部分，外观呈现大量褶皱，是我们复杂、微妙推理本领的来源——在鸟类当中充其量是光滑且薄薄的一层。对早期的研究者来说，这一结构特征在很大程度上解答了有关鸟类智力的疑问。然而，后来人们发现，鸟类的"思维"源于相对发达的纹状体，其上残留有大脑皮质。更具体地说，鸟类的智力取决于纹状体的一部分，被称为"超纹状体"；其学习能力集中在超纹状体上被称作"端脑"的隆起部分。换句话说，在智力的进化过程中，鸟类采取了一种不同于哺乳动物的解剖结构路径，即发育了大脑的不同部分来为智力提供生理基础。另一种相对较新的见解则认为，虽然鸟类和哺乳动物的大脑都比爬行动物的复杂得多，但在这些"更聪明"的类别中，智力的程度和性质有着很大的差异。例如，有些鸟类在某些智力任务上表现得更好，比如数数和解决问题，甚至比相对聪明的哺乳动物（如猴子）都做得更好；其他鸟类——比如鸽子，早期关于鸟类智力的许多假设都是基于它们的——在同样的测试中则表现得很差。有趣的是，随着对鸟类智力更为深入的探究和比较，我们发现许多直觉上被认为是"聪明"的鸟类，例如鹦鹉和鸦科的成员，确实是鸟类世界的"天才"。

另一个推迟我们认识到至少有些鸟类相当聪明的因素是动物行为学家的理论曾占据着主导地位。他们认为鸟类所做的一切几乎都是从亲鸟继承来的基因设定好的，它们一生的行为本质上就是本能（如飞行能力），以及一系列对于物体和事件不变的、高度可预测反应的组合。

所以，鸟类能有多聪明呢？我们不可避免地倾向于掉入将自己作为一种标准去定义其他动物智力的固有陷阱，更具误导性的则是将人类的表现视作迄今为止演化得最好的表现。和鸟类大脑的结构一样，有关鸟类智力更准确的说法是它不低于或高于人类，而是与人类的智力有着根本性的差异。鸟类对世界的体验与人类非常不同——在许多情况下它们拥有更高级的"设备"，它们的需求，即大脑适应背后的驱动力，需要通过不同的智力运用方式来满足。

了解鸟类智力如何运作的一个方法是观察它们如何使用各种已有明确定义的学习形式，在这样学习的界面上本能可以根据经验进行修正。"习惯化学习"是一种非常基本的学习形式，指幼鸟（及大多数其他生物）学着区分无害的（例如树叶的运动）和有威胁的形状与动作。许多鸟类都已知道如果按照一定的准则敏捷地靠近，那么快速移动的汽车不但不会对它们构成威胁，事实上还能成为可靠的食物来源。

印痕则是另一种基本的学习形式。研究表明，幼鸟还在卵中时就开始熟悉、识别外界的声音。孵化后它们会立即强烈地依附于看到和听到的首个具有一定大小的移动物体。通常情况下，这会是亲鸟当中的一只。这种依恋使雏鸟对其物种产生认同感，并可引导它们学习亲鸟所示范的具有物种独特性的生活模式。但如果幼鸟第一次见到、接触到的不是亲鸟，而是不同的鸟类、人，甚至沙滩球，它们对这些不是父母的"父母"也同样会具有强烈的依恋。如果这样的雏鸟被鼓励继续和沙滩球待在一起，并被剥夺任何与其相悖的学习经验，它们可能就会对该物体产生永久的依恋，甚至会在成年后对这种亲鸟的替身直接表现出交配行为。不过，这种长期依恋错误亲代的情况非常罕见。孵化后的最初几个小时内，幼鸟就会与自身物种建立初步的联系，并很快发展出更为精细的辨别形式。这点具有重要的意义，会影响它们在以后的生活中对合适配偶和栖息地等的选择。

另一种感知学习涉及模仿和实践。实验表明，虽然某些鸟类生来就对其自身物种的鸣唱有所了解，但除非听到"正确的"鸣唱并尝试去重复，否则它们永远无法正确地鸣唱。人们通常很难明确鸟类先天能力和后天能力的界线，以及后天能力是何时发展起来的。观察幼鸟"学习"

飞翔，很容易认为这个过程是教科书上"熟能生巧"的典型例子。然而，被圈养的雏鸽就算被剥夺了学习飞行和观察其他个体的机会，但当它们在兄弟姐妹熟练飞行的年龄被放飞出笼时，人们发现它们的飞行表现竟然毫不逊色。换句话说，幼鸟的笨拙可能更多地与肌肉协调还不成熟有关，而非因为缺乏经验。在类似的情况下，亲鸟的"教导"可能主要包括刺激幼鸟的本能"跟随反应"，类似于人类在别人打哈欠或呕吐时的倾向。无论起源如何，毫无疑问这种经验在某种程度上都提高了幼鸟的熟练程度。

鸟类也通过反复试错来学习。例如，识别并避免食用曾经（或反复）使它们感觉糟糕的某些毛虫。这可以简单地看作一种条件反射，即做"对"事情的动物得到"奖励"，而做"错"事情的则受到"惩罚"，从而形成习惯性的行为模式。冠蓝鸦可以通过观察其他鸟类的痛苦来学会避免取食帝王蝶，这属于以下一类学习。

可以说顿悟学习是在没接触过"4"的情况下将"2"和"2"相加的能力。正是在这一领域，鸟类的智力表现给人们留下了最深刻的印象，因为它接近人类的技术和社会发展所依靠的演绎推理。最近，在这方面进行的研究大大提高了我们对鸟类大脑的认识。

鸟类顿悟学习最有趣的例子之一就是使用"工具"来获取食物。这方面最广为人知的案例或许是一些非洲的白兀鹫用石头砸开鸵鸟蛋的做法——1969年，雨果·范·勒维（Hugo van Lawick）和珍妮·古道尔（Jane Goodall）夫妇拍摄到这些画面并发表在了美国《国家地理》（*National Geographic*）杂志上。而另一个不使用工具的著名顿悟学习例子是英国大山雀学会了啄开牛奶瓶的锡纸盖去取食顶部的奶油，这种做法在大山雀种群中得以广泛普及，以至于牛奶公司造出了更坚固的瓶盖——但很快又被大山雀破解了！批评者认为这些"创新"纯属偶然，而不是出于直觉：白兀鹫无法叼起巨大的鸵鸟蛋，从附近叼起一颗石头不过是转移挫败感而已；极少数情况下石头掉在蛋上带来了一顿美餐，这让白兀鹫形成了条件反射，之后就刻意用石头去砸鸵鸟蛋。但是，这种情况并未减损"创新者"抓住要领并重复演练的能力，或者说在整个种群当中将聪明的想法实现"文化传播"的时候就更是如此了。

我们对鸟类智力认识的重大突破之一来自艾琳·佩珀伯格（Irene Pepperberg）对非洲灰鹦鹉（*Psittacus erithacus*）的研究，特别是对一只名叫"亚历克斯"（Alex）的个体的研究，它如今已经有了自己的基金会和网站。亚历克斯在认知和交流方面的一些成就堪比聪明的类人猿，甚至超过了它们。例如，它能以超过 80% 的准确率通过问题中没有提到的特征来识别和描述一个物体："亚历克斯，（各种各样的物体中）哪个是黄色的？"亚历克斯："钥匙。"它还掌握了复杂的概念，如"缺席"和"相同或不同"。它会用丰富的英语词汇自发地交流和表达愿望。（亚历克斯已于 2007 年去世，但它留下的宝贵财富通过人们对其他非洲灰鹦鹉的研究得以延续。）

另见词条：鸣唱（Song）。

Irruption/Eruption

爆发式迁入或爆发式迁出

就鸟类而言，爆发式迁入指繁殖季节过后大量鸟类进入它们正常分布范围之外的区域；与之相区别，爆发式迁出则指大量鸟类离开自己出生的区域。这些是描述相关现象的专业术语，不过类似的移动也可称为"入侵""进入""逃逸"或"涌入"。由于所涉及的物种往往是源自相对偏远的地区，因此爆发式迁入通常更容易被观鸟者注意到。特定物种爆发式迁入的年份通常被称为"迁飞大年"。正如下文所述，爆发式迁入是一种相当明确的现象，不应与恶劣天气导致的某些物种移动及数量波动相混淆（比如黑头海雀"残骸"，以及受飓风影响而移动的乌燕鸥群）；它不是间歇性的分布范围扩大（如卡罗苇鹪鹩）；也不是局部繁殖数量增加的结果——数量增加与食物丰富有关，而不是食物匮乏（舞毒蛾或帐篷毛虫爆发式迁入的地区，黑嘴美洲鹃和黄嘴美洲鹃的数量往往会增加）；更非某些物种特有的不规律行为，不规律行为通常与干旱周期有关（例如美洲雀）。

鹰、䴓、松鸦和山雀等科是"爆发式迁入"中最具代表性的类群，燕雀科（Fringillidae）金翅雀亚科（cardueline）的种类尤为典型。其他科也有符合条件的种类，例如北灰伯劳和灰伯劳。

除了都具有爆发式迁入行为之外，上述物种的共同特征是它们对食物的偏好都相当局限，其食物的丰度会发生

黑头海雀不定期地会以较大的数量出现在常规的越冬区域之外，这期间会在海滨发现不少因身体虚弱被海浪推上岸的个体，该现象被称为黑头海雀"残骸"（Dovekie 'wrecks'）。

不规则的或周期性的剧烈波动。例如，许多北方地区猛禽的生活会受其捕食的小型啮齿动物（如旅鼠和田鼠）种群周期波动的强烈影响。同样，交嘴雀以它们所在的北方针叶林球果为生。人们认为爆发性迁入的"标准"模式是当一个物种正常分布范围内的食物充足时，由于它们能够养育更多的后代，因此种群数量就会增加；而当食物供应相应减少的时候，已经扩充了的种群必须到其他地方寻觅食物来源。对某些鸟类来说情况或许确实如此。然而，近来对雪鸮的研究证明，虽然幼鸮存活率的变化确实与啮齿动物种群周期波动有关，但事实上正是在北极食物最丰富的年份，出现在南方的雪鸮幼鸟数量也最多。球果的产量也遵循一定周期节律（例如北方针叶林遵循 2 年或 3 年的成熟节律），但是这些节律受降水量和温度等变量的影响很大，因此交嘴雀和其他"冬季雀类"的爆发性迁入更难以预测，变动可能也更大。

生活在爆发性迁入物种分布区以南的观鸟者往往会想当然地认为这些移动都是自北向南的，但情况并非总是如此。北方针叶林的许多鸟类（如红交嘴雀）在横贯整个大陆的针叶林带里游荡，因此在整片区域的食物资源耗尽迫使它们向南推进之前，它们通常会在东西方向上多次移动。同样，20世纪墨西哥山区松林中的球果歉收，从而迫使厚嘴鹦哥向北侵入亚利桑那州的东南部（由于它们繁殖区内的栖息地遭到了破坏，自1917年至1918年冬季以来厚嘴鹦哥再也没有出现在美墨边境以北过）。

爆发式迁入的具体情况因物种而异。某些情况下，参与者几乎都是未成年的个体，这与当年初飞的幼鸟离开繁殖地后会比成鸟走得更远的趋势一致；在其他情况下则是成鸟占多数。另一些情况下，相当一部分迁入的个体可能找不到足够的食物，有时可能就饿死了。不过也会有许多个体幸存下来，回到它们"正常"的居住地。交嘴雀和其他一些雀类经常会在它们的常规繁殖区域以南停留1年或是更长时间进行繁殖。爆发式迁入也可能涉及更为持久的种群迁移。起初，黄昏锡嘴雀在新英格兰和加拿大的沿海省份几乎不为人知，直到1889年至1890年冬季第一批来自西部的迁入者抵达了上述地区。虽说它们的丰度在每个冬季都有所不同，但如今该种在冬季会规律地出现，并且已在整个北美洲东北部有规律地筑巢繁殖（虽然是零星的），不过它们在东部的数量自1955—1985年的全盛时期以来已呈明显下降之势。

气　质

　　这个"气质"并不是你想的那个"气质"。用观鸟术语来说，气质指一种完全不同于任何特定特征的独特的身体"姿态"。熟练的观鸟者根据这种姿态从远处或仅凭短暂的一瞥就能准确地辨识鸟类。它也可用于区分外形相似的物种。这个概念本质上混合了形状或结构、姿势和行为。只有在对一个鸟种及其相似物种进行长期的野外观察之后，才能把握住它们的气质。在某些情况下，这比机械地观察羽毛的细节更为可靠。例如，利用气质区分飞行中的日行性猛禽至关重要，尤其是在远距离观察时。气质也常常有助于区分䴘鹳类。

　　这个术语的起源在精英观鸟者当中一直受到广泛讨论。有个广为流传、貌似合理的理论认为气质（jizz）是"GISS"（general impression of size and shape，尺寸和形状的总体印象）的讹传，后者是英国皇家空军在第二次世界大战期间用来识别飞机机型的指导建议。然而，"jizz"一词早在 20 世纪 20 年代初的英国文学作品中就已经出现，远早于"GISS"出现的时间。另一个合理的词源猜测是它来自德语单词"gestalt"，字面意思是"外形"或"形状"，但在心理学中指一种对整体的体验，超越了各组成部分的总和。不过，这个说法也被权威人士所驳斥。

鹰 柱

迁徙中的一群鹰或是其他翱翔的鸟类在热气流中盘旋上升，上升热气流的形状导致在其中御风而行的鸟群顺势呈现倒圆锥形。这种结构在美国的观鸟术语中就被称为"鹰柱"（直译为热水壶），指当一壶液体被剧烈搅动时产生的漩涡效应。术语"鹰球"（boil，直译为沸腾）在纽约州北部比"鹰柱"用得更多，指沸腾的壶中气泡的循环。同一现象在瑞典语中则被称作"鹰旋"（screw，直译为螺丝钉）。

鹰 柱

另见词条：翱翔（Soaring）

棕色小鸟或棕色小家伙（绿色小鸟等）

"棕色小鸟"或"棕色小家伙"指某些斑纹模糊、颜色单调，因而很难识别的小鸟。初学观鸟的人经常沮丧地将大多数美洲的雀鹀类和鹀类的雌鸟说成是棕色小鸟，将欧洲、亚洲、非洲的柳莺和鹟当作小绿（或灰）鸟不予理会。"棕色小家伙（little brown job，LBJ）"这个词可能是在美国第三十六任总统林登·贝恩斯·约翰逊（Lyndon Baines Johnson）任期内创造的，人们常常用名字的首字母缩写来称呼他，这想必让活跃在 20 世纪 60—70 年代的观鸟者也产生了一定的共鸣。不过，如今"棕色小鸟"（little brown bird，LBB）更为常用了。

Lear, Edward (1812—1888)

爱德华·李尔

爱德华·李尔是英国作家、音乐家、艺术家和插图画家。李尔在 16 岁时已经是一名出色的插画师，他对画鸟特别感兴趣。他在 19 岁就出版了《鹦鹉手绘图册》（*Illustrations of the Psittacidae, or Parrots*），书中包含了 42 幅手绘版画。他显然是最早参照活鸟进行创作的"鸟类艺术家"：他在伦敦动物园和私人鸟舍中观察描绘鸟类，而非用博物馆里的标本（或者像约翰·詹姆斯·奥杜邦那样用铁丝把活生生杀死、制备不久的标本摆出特定的姿势后再去描画）。

此后，李尔又为多部鸟类学著作配了插图，并指导伊丽莎白·古尔德（Elizabeth Gould），后者凭借自己的能力成了一名出色的艺术家，并为她的丈夫、鸟类学家约翰·古尔德（John Gould）的著作绘制插图。约翰·古尔德也是一名画家。李尔后来还成了著名的风景画家。但他最为出名的作品可能还是他"胡诌"的诗歌（包括打油诗）。下面就是他结合了小鸟和音韵的 2 个例子。

有位大胡子的老人说："这正是我所担心的！
两只猫头鹰和母鸡，
四只云雀和一只鹡鸰，
它们都在我的胡子里筑了巢。"

有位来自邓布利的老人，

他教小猫头鹰喝茶。

因为他说"吃老鼠既不恰当也不好"。

那位和蔼可亲的邓布利人呐。

Lek

求偶场

　　人们最初创造这个词是为了描述黑琴鸡的求偶场，如今这个词可以指任何在繁殖季节初期，雄鸟在雌鸟围观的情况下聚集在一起进行求偶炫耀的地方。（它也可用于包括海象和果蝠在内的一些哺乳动物的炫耀行为，以及某些爬行动物、两栖动物、鱼类和昆虫的炫耀行为。）在北美，许多艾草松鸡雄鸟和草原松鸡雄鸟聚集在开阔的"舞台"，做出高度程式化的姿势与动作——张开翅膀和尾巴，鼓起颈部显眼的气囊——同时发出引人注意的鸣叫（这声音是将空气挤压进出食道而成）。在其他种类的松鸡中，雄鸟会独自展示，不过靠近求偶场的个体都能听得到，这种方式也被称为"独舞式求偶场"。

大鸨求偶场

求偶场有助于在种群中的雄性间建立等级秩序。雄鸟可以通过其羽毛质量和自身表现来显示自己适合交配，从而促使雌鸟选择自己。至少在某些具有求偶场的鸟类当中，表现最好的雄鸟会与所有的雌鸟交配（尽管人们发现，雌鸟也会"出轨"）。

流苏鹬是一种主要在欧亚大陆繁殖，以擅长求偶炫耀而闻名的鸟类。雄性流苏鹬颈部装饰着非常个性化的、可以展开的羽毛领饰。有些被称为"伪娘型"的雄性流苏鹬放弃了华丽的羽毛，而在春季就换上了典型的雌鸟羽毛。

这种策略可以让它们有机会偷偷地与雌鸟交配，而不必跟其他雄鸟直接竞争。鸨类也是典型进行求偶炫耀的种类，此外还有一些蜂鸟、鹦鹉和雀形目鸟类——特别是羽色艳丽的娇鹟，以及冠伞鸟和伞鸟。

求偶场的英文"lek"一词源于瑞典语"leka"，原意是轻松、愉快且规则不多的活动或游戏。

Life Bird

生涯新鸟种

生涯新鸟种指一个人从未见过的鸟种，因此可能会被此人列入其"加新名单"（life list）。具体见下文。

Listing

列鸟种清单

观鸟中一项带有竞争性的分支就是观鸟者与自己或他人比赛谁在指定的地点或时间内记录到最多的鸟种。有些热衷于列鸟种清单的爱好者通过详细记录物候现象（比如家附近的迁徙候鸟到达和离开的时间）来强化他们的兴致，或是在更大活动范围的旅行当中去记录鲜为人知的地点的鸟种信息。不过，对于大多数人来说，运动和消遣才是观鸟主要的吸引力所在。

美国观鸟协会制定了评判观鸟记录有效性的官方标准，并且在其旗舰出版物《观鸟》（*Birding*）杂志上为讨论列鸟种清单的问题提供了专门的版面。美国观鸟协会在其网站上维护州级、县级等的协会及其他相关鸟种清单的排名。下面是得到协会许可从《观鸟》中选摘出来的内容，比任何描述都能更清晰地表达"鸟单的诱惑"：

鸟种清单是观鸟界经常讨论的话题，在协会成员之间更是如此。有些观鸟者诋毁列鸟种清单，有些人则可以接受或者无所谓，有些人厌恶它，还有一些人则痴迷于列鸟种清单。因为我发现自己属于最后一类，所以想借此机会告诉其他人，在我看来列鸟种清单可提高观鸟的竞技性。

首先，我会列出自己保存的鸟种清单。对列鸟种清单的爱好者来说，列清单真的很有趣，而且这是我很少有机会去做的事。清单如下：

1. 美国国内的生涯鸟种清单（526 种）

2. 明尼苏达州的生涯鸟种清单（341 种）

3. 月份鸟种清单（总计 2468 种；平均 206 种 / 月）

4. 县（郡）鸟种清单 [87 个县（郡）有 11 924 种；平均 137 种 / 县（郡）]

5. 季节鸟种清单（春季，312 种；夏季，274 种；秋季，292 种；冬季，160 种）

6. 繁殖鸟种清单（235 种）

7. 庭院鸟种清单（3 个住所）（最高 135 种）

8. 早春记录的日期

9. 平均春季记录的日期

10. 晚秋记录的日期

11. 平均秋季记录的日期

12. "钟童"（所有月份都能看到的鸟）（74 种）

13. 元旦鸟种清单（98 种）

14. 单日鸟种清单（每次野外观鸟）（最高记录为 1976 年 5 月 22 日的 177 种，是我观鸟的"大日子"）

15. 按月记录的每日鸟种清单

16. （自 1947 年以来）年度鸟种清单（最高为

1977 年的 296 种）

上述清单 2 号至 16 号都是在明尼苏达州记录的鸟种，而清单 1 号到 13 号则是累积的。这些清单都很容易理解，唯一需要解释的可能是 13 号清单。这是一份自 1949 年开始保存的特殊清单，记录了我在 1 月 1 日看到的所有鸟种的累积总数。新的一年开始，传统上我会在这一天到野外观鸟，从而开始记录新一年的年度鸟种清单。括号中的数字是我个人记录的鸟种或鸟种清单数。

也许，很多人会问出的第一个问题："为什么要保留这么多鸟种清单？"我的第一个也是最好的答案是记录清单很有趣，因为它给了你一个机会去比较上一年和下一年、一天和另一天、一个地区和另一个地区，等等，比较的方式无穷无尽；其次，鸟种清单让我（和其他人）了解州内的鸟类分布概况。我认为无须再用其他理由来说明为什么要列鸟种清单了。对我来说，最有趣的鸟种清单可能是县（郡）鸟种清单。我的目标是在明尼苏达州的每个县（郡）看到至少 100 个物种，这个目标已经在该州 87 个县（郡）中的 82 个县（郡）得以实现，我在这 87 个县（郡）见到的鸟类物种均数是 137 种。县（郡）鸟种清单的真正乐趣在于，它带我去了该州许多不同的地区，在常规的观鸟旅行中我们可能都不会涉足这些地区。几年前，我有些厌倦了在同一时间去同一个地方。而县（郡）鸟种清单就给我提供了打破常规、进入新地区的方法。为了进一步完善县（郡）鸟种清单，我还创建了一个城镇鸟种清单。这是该州全部有名有姓城镇的鸟种清单。要到达这些地方，你必须"地毯式"扫过整个城镇区域。明尼苏达州有 1828 个被命名的城镇——截至目前，我只剩 166 个还没去！

我见过许多观鸟者厌倦了一次又一次重复见到"同种鸟"。虽说我从未想过人们会因为观鸟而感到无聊，但是列鸟种清单总归是逃避无聊的一个办法。列鸟种清单为在新的地区和在一年中的不同时间看到"同种鸟"带来了新的挑战与兴趣。

——摘自 1979 年 8 月刊《观鸟》上罗伯特·B.詹森（Robert B. Janssen）写的《列鸟单：明尼苏达风格》

寿 命

　　鸟类的寿命可以通过 2 种方式来精准确定：①记录在圈养环境下出生和死亡的鸟类寿命；②在野外对已知年龄的鸟类（例如雏鸟）进行环志并在它们死亡时回收相应信息。这两种方法提供了关于鸟类年龄的两类信息。第一类告诉我们一只鸟的潜在寿命，也就是说，某个特定物种在特定环境下可能达到的最大年龄。有可靠记录的最长寿命鸟类是一只名叫"弗雷德"（Fred）的雄性葵花凤头鹦鹉。1914 年孵出的它直至 2020 年 7 月还生活在澳大利亚塔斯马尼亚州布莱顿的波诺朗野生动物保护区。到 2020 年，弗雷德就进入 106 岁了 。英国还有几只凤头鹦鹉和金刚鹦鹉活到了 120 岁。这些案例可能是准确的，但是缺乏完整的记录。

　　还有许多记录完备的圈养鸟类也有很长的寿命。澳大利亚阿德莱德动物园的一只大红鹳于 2010 年去世，享年（至少）83 岁。一只名叫"曲奇饼"（Cookie）的雄性彩冠凤头鹦鹉从 1933 年 6 月 30 日至 2016 年 8 月 27 日都生活

　　本书写作时间为 2020 年。

在美国芝加哥市布鲁克菲尔德动物园，也有 83 岁高龄。《吉尼斯世界记录大全》（*Guinness Book of Records*）记录了一只名叫"沃尔夫"（Wolf）的白鹤，据称它在圈养条件下也活了 83 岁。一只名为"库兹亚"（Kuzya）的雄性安第斯神鹫自 1892 年成年之后就生活在莫斯科动物园，直到 72 年后死亡，因此它可能也活了 80 岁左右。还有一只名为"萨奥"（Thaao）的雄性安第斯神鹫，在康涅狄格州布里奇波特市的比尔兹利动物园活过了 80 岁，直至 2010 年 1 月死亡。

一般来说，体形大的鸟比体形小的鸟活得更长。目前已知可存活超过 50 年的鸟类有鹰、雕、兀鹫、鹈鹕、红鹳和鹦鹉。鹦鹉尤其以长寿而著称，也许是因为它们经常被当作宠物饲养，溺爱的主人会将数据记录下来。

圈养环境中存在一些野外遇不到的问题。例如缺乏运动、人为提供饮食的有害成分、城市动物园的空气污染等，这些当然有可能阻碍一只原本长寿的鸟活得更长。但是一般而言，野外生活的危险要大得多，我们能记录到极限自然寿命的机会也要小得多。

环志记录既为我们提供了良好的平均寿命指标，也获得了自然条件下的寿命记录。信天翁保持着目前的野外鸟类长寿记录。雌性黑背信天翁"智慧"（Wisdom）是当

70 多岁的黑背信天翁"智慧"还在抚育幼鸟

下这项记录的保持者，它是在 1956 年于中途岛环志的成年个体，其后每年都回到中途岛繁殖，截至本书写作的 2020 年，它至少 70 岁了。

应该强调的是，许多鸟类已被证明在圈养条件下是长寿的，但它们的自然寿命极限至今仍是未知，新的数据无疑将继续打破现有记录。相反，野生雀形目鸟类的最长寿命记录可能已接近极限。这点突显了长寿和预期寿命之间的区别。大多数小型鸟类预期寿命非常短，2~5 年可能已经接近成年雀形目鸟类的平均寿命了。

Lumping (and splitting)

合并（和独立鸟种）

在鸟类学的语境下，合并指将鸟的不同分类阶元（尤其是亚种）划定为更高阶的分类单元（特别是种）的分类学实践。分类学家可分为"独立派"和"合并派"，取决于他们能否察觉到亲缘关系密切的鸟类之间的细微差异。依据这些差别将相应居群提升到种的属于独立派；与之相反，将 2 个或 2 个以上明显不同的居群合并为一个物种的就是合并派。

现代鸟类学已经能证明在许多情况下外表看起来相差甚远的鸟类——例如"俄勒冈"灯草鹀和"石板色"灯草鹀——实际上是同一物种具有明显差异的地理居群[在这个例子中它们都是暗眼灯草鹀（*Junco hyemalis*）]；而外形非常相似的鸟类（例如比氏夜鸫和灰颊夜鸫）则已被证明具有生物学上的独特差异，应当分别被视为独立的物种。

出于显而易见的原因，将积累一长串鸟种清单当作乐趣的观鸟者，根本不会欢迎前一种情况（合并）。某些列鸟种清单爱好者认为这是分类学上的失窃而对此大为愤怒，以至于他们会拒绝承认做出这些决定背后的科学依据。

另见词条：列鸟种清单（listing）

Maturity

性成熟

性成熟指有机体能够参与繁殖的年龄。鸟类中性成熟年龄从 5 周（鹌鹑）到 9 岁（某些信天翁和雕）甚至 12 岁不等。大多数小型雀形目鸟类在不到 1 岁便能开始第一次繁殖，其他很多物种将满 3 岁时才能达到性成熟。同一物种内也会有些差异，有些个体比其他个体早熟 1 年。

Migration

迁　徙

这里将迁徙定义为有规律的季节性移动，与扩散不同，迁徙可以说是鸟类行为中最奇特、最有趣的一面。它涉及温带地区大约 80% 的繁殖种类。从北极到热带，再到各大洋的上空，几乎整个地球表面都可以观察到鸟类的迁徙。

我们已有的关于鸟类迁徙的知识几乎都是过去 200 年间获取的。在此之前，受过教育的人们也认为燕子一年中有部分时间在泥土中或月球上冬眠，并完全不必担心这种看法会遭人反驳。虽然今天我们仍有很多东西需要去了解，但关于迁徙主题的文献已然多如牛毛了，所以在这里只重点介绍5个关键点：

鸟类为何迁徙。主流理论认为解开这个谜团的关键是地球南北两极的冰川时期。随着冰川的不断推移，地球上的大部分地区变得不适宜生存，鸟类被迫向南（或向北）迁徙到赤道附近，也就是现在的热带地区。但是，随着冰川消退和气候变暖，一些物种开始向以前的分布范围扩散，但每年冬天还是会被迫撤退，以便找到它们所喜欢的食物，如昆虫、水果和花蜜。另一种理论则认为许多候鸟是在热带地区演化，它们逐渐发现自己可以随着气候变暖而前往更北（或更南）的地方生活，但仍然需要返回祖先生活的热带家园。

鸟类何时迁徙。一般来说，北半球的鸟类在春季与秋季往返于繁殖地和越冬地，高峰期分别在4月和5月、9月和10月，相应的迁徙低谷期则出现在6月和1月。迫于生存压力，不同物种到达和离开的时间存在很大差异。例如，许多在北极地区筑巢的鸟类必须等到晚春解冻以确保可靠的食物供应，然后在封冻之前离开；更南边的雀形目鸟类则可在开花植物开始吸引传粉昆虫时抵达繁殖地。关于气候变化对鸟类的影响，人们的一个担忧就是这些演化模式将被打破，从而导致繁殖成功率下降。

不同种类的鸟也会选择一天中不同的时段迁徙。需要上升气流的猛禽和其他在高空盘旋的鸟类主要在上午10时左右至傍晚时分迁徙，在飞行中进食的燕和雨燕也在白天移动。而大多数小型雀形目鸟类和许多鸻鹬类都在夜间迁徙。早晚对许多水鸟来说似乎没有什么区别。那些需要穿越沙漠或水域的夜间迁徙候鸟无论何时都必须"闷头赶路"。

方向和路线。众所周知，鸟类通常沿南北轴线朝两个方向迁徙，不过在许多情况下航向会时常发生变化，如沿西北—东南方向，这取决于迁徙候鸟所依赖的季节性盛行风向。在大陆中心的森林里或苔原湖上筑巢但到海上越冬的种类（例如潜鸟与黑海番鸭这样的海鸭）可能会向正东和正西方向移动以便抵达最近的海域。

虽说公众受到鼓励和引导相信大多数候鸟都会沿着少数几个主要的"迁飞区"移动，但实际上白天飞行的候鸟会沿着所谓的指引线（如跟预计方向一致的海岸线和河谷）前进，而夜间飞行的候鸟则在星星的指引下在广阔的高空形成一个宽的迁徙锋面。

许多在高海拔地区度夏的鸟类会迁徙到山脚或平原越冬。虽说它们的行程不过几千米，但这些垂直迁徙的鸟类和长距离跨越纬度的候鸟一样，会对同样的刺激做出反应——它们都需要从无法养活自己的气候中撤离。不同海拔间的迁徙非常普遍，在亚洲、南美洲和非洲的山区都很常见。

高度和速度。 夜间活动的雀形目鸟类和鸻鹬类通常在 914 ～ 1524 米的高度飞行，但在 2438 ～ 3048 米的高度飞行也并不罕见。雷达扫描信号发现，鸟群的飞行高度可达 6400 米。喜马拉雅山的登山者曾听到迁徙的斑头雁从大约 8500 米的高空飞过。

多数雀形目鸟类的迁徙飞行速度在 32 ～ 64 千米 / 时，体形较大鸟类的平均飞行速度比体形较小鸟类的要快。野鸭、雨燕、鸻鹬和隼的平均飞行速度为 64 ～ 96 千米 / 时，在高空飞行的小型鸻鹬飞行速度已超过 160 千米 / 时。至少有一只游隼被记录到在 24 小时内飞行了 2172 千米。

目的地和距离。 跟迁徙的其他方面一样，不同的鸟类在这两方面的差异也很大。有些鸟类只迁徙满足基本需求（主要是食物）所必需的距离。因此一些水鸟迁徙到它们遇到的第一个未结冰的栖息地就会停下来，而许多鸻鹬类则为演化的命运所迫要完成从北极高纬度到亚南极地区的最长迁徙旅程。有些鸟类的长距离飞行已被记录在案，以下是几个例子：北极燕鸥似乎是最长迁徙路线的记录保持者，往返行程多达 70 811 千米，从北极高纬度的繁殖地飞到在南极地区的越冬地再返回；黄蹼洋海燕和灰鹱这两种海鸟则从南向北进行类似的反向旅行，跨越 64 373 千米。上述 3 个物种在它们英雄般的迁徙征程中能够在海上或陆上停下来休整，因此跟它们相比，斑尾塍鹬的迁徙壮举更是能够一较高下。斑尾塍鹬需要不止不休地飞行 11 498 千米，从阿拉斯加州的繁殖地飞到位于新西兰的越冬地。陆生鸟类的迁徙极少有如此远的距离。不过，环北极繁殖的穗鵖需要飞渡 14 484 千米的海洋（太平洋或大西洋）和沙漠，才能抵达它们在撒哈拉以南非洲和东南亚的越冬地；斯氏鹭的繁殖地北至阿拉斯加州中部，冬季它们则几乎只在阿根廷的潘帕斯草原越冬；有些家燕在亚北极地区筑巢，越冬时则会南下至火地岛；在加拿大北方针叶林筑巢的白颊林莺秋季抵达大西洋沿岸，疯狂进食让体重加倍，然后再带着充足的"燃料"起飞（通常会乘着西北方向的冷锋），

斑尾塍鹬，不间断飞行时间最长的迁徙候鸟

连续飞行 120 小时后抵达在南美洲北部的越冬地。

另见词条：高度（Altitude）；爆发式迁入或爆发式迁出（Irruption/Eruption）；死亡率（Mortality）；导航（Navigation）；雷达（Radar）；速度（Speed）

M

围 攻

　　围攻指骚扰潜在捕食者的现象，通常是由各种小鸟对捕食者群起而攻之。鸮类和鹰类经常成为山雀、鸭、莺、鹪鹩和其他鸟类围攻的目标，这些鸟类集群对着它们眼中的威胁者鸣叫、飞掠，甚至直接攻击（这种情况很少见）。拟八哥、松鸦和其他捕食者在飞行中经常被暴躁的鹟与其

雀形目鸟类大战东美角鸮

他体形中等的鸟类"围攻"，成群的乌鸦和松鸦也会以类似的方式袭击鸮与鹰。蛇和鸟类的哺乳动物天敌（比如狐狸）也可能遭到围攻。

鸟群围攻捕食者的行为显然是对共同威胁所做出的集体反应（我们已经知道，参与者会跨越领域边界加入围攻），但尚不清楚其真正目的是赶走敌人，还是仅仅提醒鸟类群落警惕威胁。狂热的"替代"行为（进食、理羽）在参与围攻的鸟类中十分常见，这表明它们的反应是恐惧和妥协的矛盾混合体。科学家认为，围攻可能有助于幼鸟学会识别捕食者（无法识别捕食者已导致厚嘴鹦哥和美洲鹤等物种的重引入项目失败）。

当然，观鸟者模仿警报音和鸮类的"鸣叫"来吸引观察对象时，他们所利用的正是鸟类这种围攻反应。

Mortality
死亡率

尽管我们最近已经意识到人类很难幸免于大自然最致命的打击，但仍然会对鸟类和其他种类的动物经常保持着相对较高的死亡率而感到震惊。例如，据估计，在最为脆弱的雏鸟阶段，雀形目鸟类的平均死亡率约为50%。在这个平均范围内，由于生物学、食物供应、特定季节的天气条件，以及其他仅局限在当地的许多不可预测的因素，物种（和种群）之间的死亡率会存在巨大差异。平均数据显示，有些情况下90%的雀形目雏鸟可以存活，另一些情况下则会导致90%的雏鸟死亡。活到成年也并不意味着高枕无忧。天气、捕食和人类的"发展"都会对鸟类种群造成影响，这也使某个鸟类物种的正常寿命往往与其在圈养环境中的预期寿命完全不一致——至少就在圈养环境能够繁衍壮大的物种而言的确如此。

关于鸟类大规模自然死亡的惊人案例，如今已经有了很多记录。起初它们似乎让人们产生了这样一种观念，即人类活动所带来的任何威胁必定不会影响到鸟类种群。自然原因导致的死亡能够通过长期的平衡予以纠正，亿万年来这样的平衡早已融入了自然界的节奏。例如，由于遭到大量捕食或是在长距离迁徙过程中遭遇种种危险，有些鸟类种群每年都会遭受巨大损失，因此它们倾向于用大的窝卵数、多次繁殖、繁殖小生境内更大的密度、更广泛的分布范围和集群繁殖等生物学特征来补偿种群的损失。因此，当加拿大阿尔伯塔省的 14.8 万只雁鸭类在 22 个月内死于冰雹侵袭，飞越休伦湖时成千上万的迁徙雀形目鸟类因恶劣的天气条件而溺亡，或是同等规模的黑头海雀被秋季的大风困在海滨，死于饥饿或被鸥类捕食之时，上述这些物种的数量似乎仍会像过去一样自动地完全恢复。我们可能会注意到局部地区鸟类种群数量的暂时性减少，就如1940 年早春冰暴期间记录到的东蓝鸲种群数量减少，或是美国东北地区凛冬（如 1978—1979 年）过后卡罗苇鹪鹩数量的减少，但是可以自信地预测它们能够迅速地从这样的自然灾难中复原——除非是像加利福尼亚州神鹫那样整个物种都快走向末路。

天气和捕食等自然死亡因素与维持种群的稳定具有紧密的联系，以至于从客观的角度可将它们视作有益的影响，使我们免于被莺类或黑头海雀大军所"淹没"。

生态上的得失平衡最终让数量丰富得超乎想象的各种生物和谐共存，与之形成鲜明对比的是偶发的大灾难从方方面面摧毁了大量生物体，从而最终深刻地改变了整个生态系统。冰河时期就是一个很好的例证，另一个则是人类后来对于地球的统治。鸟类种群的恢复能力充分地证明它们具备承受上述多重损失的能力，但是在过去的大约 300

年间它们已经不再是无处不在的人类的对手，也无法匹敌人类在改变地表和大气方面不断提高的"效率"。例如，仅凭枪支这一项发明，再加上迅速增长的人口和贪得无厌的胃口，人类在几十年内就完成了以前只有"不可抗力"才能办到的事情，导致了某些物种的灭绝。然而，如今枪支只算得上是杀伤力无足轻重的发明，在森林砍伐、原油泄漏、杀虫剂、无线电信号塔、汽车、酸雨、落地窗、家养动物和热核武器等人类各种"发明"不断累积的影响下，鸟类或其他动物的恢复能力显然要打上一个大大的问号了。

在打破自然平衡之后，人类要依靠自己所谓的能力来平衡全世界的生态系统了。有关这种可能性，乐观主义者声称我们已经不再为制作帽子装饰物而肆意屠杀鹭类；愤世嫉俗者则指出，西方世界早已习惯贪婪无度的生活标准，最近这样的标准不过是略有下降，我们的环保政策就开始退缩了。

另见词条：大灾变（Apocalypse）；哈丽特·劳伦斯·海明威 [Hemenway, Harriet Lawrence (1858—1960)]；寿命（Longevity）；英国皇家鸟类保护协会 [RSPB(Royal Society for the Protection of Birds)]。

Music

音　乐

欧洲有一些最为人所熟知的鸟类鸣唱，尤其常见的大杜鹃和新疆歌鸲的声音不时会成为古典音乐的主题。你在贝多芬的 F 大调第六交响曲《田园》第二乐章中就可以听到它们和西鹌鹑。然而总的来说，鸟类的"音乐"与西方音乐典型的旋律和节奏并不十分搭配，因此很少成功地被转化成乐曲，或者不太容易让人听得出乐曲是从鸟类的鸣唱而来。其他的传统乐曲，例如东方的长笛乐曲对鸟鸣的融入似乎更加自然。

当然，在歌词中出现鸟类主题就完全不同了。正如在词条"诗歌"中记载的鸟类一样，想要全面记录鸟类在人类歌曲中出现的实例，就要专业的版本目录学家耗费终生了。从最古老的民歌到吉尔伯特和沙利文的歌曲《山雀 - 柳树》(*Tit-Willow*) ——不要跟褐头山雀（Willow Tit，学名 *Parus montanus*）混淆了哈——再到披头士《白色专辑》(*The White Album*) 中的"欧乌鸫"(*Turdus merula*)，可以说跟鸟相关的歌词可以在所有（或几乎所有）音乐传统中找到。

最著名的"音乐鸟"无疑是作曲家莫扎特在1784年5月27日购买的一只紫翅椋鸟。这只椋鸟唱的一段曲目可能激发莫扎特创作出《G大调第十七钢琴协奏曲》（K453）当中的一段，而且它还可以准确地模仿这段乐曲（只是用升G代替了G调）。莫扎特甚至在他自己的乐谱下方记下了椋鸟鸣唱的版本，并且注明"Das war schön"（"太美妙了"）。

另见词条： 效鸣（Vocal Mimicry）。

M

导 航

既然科学研究已证实北温带的大多数鸟类每年会迁徙数百至数千千米前往靠南的越冬地，那么我们就需要解释它们是如何做到的。智力看似有限的鸟类是如何找到偏远且范围特定的繁殖地和越冬地之间往返的路线的？它们怎么知道该往哪个方向走？它们该怎样保持航向（尤其许多候鸟是在夜间迁徙）？它们如何判断自己何时抵达了中美洲雨林或加勒比海高地的正确位置？它们是真的知道"家"在何方，还是仅仅盲目地执行一种与生俱来的"飞行计划"？它们是本能地知道该去哪里，还是必须通过经验来学习，又或者两者兼而有之？

迄今为止，包含上述令人费解的"如何"难题在内的鸟类感知过程仅有部分得到了解释。下面总结我们了解到的某些内容——几乎都是1940年之后才掌握的。

现有知识概要，以下事实及推测均有实验证据支持：

——很多鸟类都有包括长途跋涉和显著位置变化的"归巢壮举"。

——不同鸟种之间的导航能力差异很大。至少有些通常在有限区域内过完一生的物种具备相对基础的"归巢"能力，这似乎符合它们有限的需求；进行长距离迁徙的物种则已演化出更复杂的技能；在夜间和远洋上迁徙的候鸟通常必须在没有地标的情况下找到方向，因此它们可能具备所有物种当中最强的定向能力。

——在许多鸟类的归巢过程中，地标发挥了重要作用。在有限范围内生活的鸟种能记住周围环境的关键特征，并能学会辨别更大区域当中的地标。鸟类会时常故意偏离方向，漫无目的地游荡，显然是在寻找熟悉的地方或"线索"（如海岸线）。它们循着这些地标就可以回到熟悉的家域附近。天空阴云密布的时候，下文提到依赖天文线索的鸟类则可能会沿着海岸或山脉（这样的指引线）飞行。

——鸟类有某种形式的"内置生物钟"，使得它们能够感知太阳每天的运动，并据此调整自身的移动来保持稳定的航向。

——夜间迁徙候鸟一定程度上依靠星星定向。对饲养在笼中的候鸟的研究表明，在特定的迁徙季节它们会朝着人造"天空"的正确航向活动；而当"天空"发生了倒转，这些鸟也会相应地改变航向；如果"天空"被遮住了，它们就会迷失方向。通过选择性地遮挡北极星和主要的星座等关键恒星，科学家指出靛蓝彩鹀可以利用几种星图模式中任意一种没被遮蔽的来实现导航。

——迁徙的方向（向北或向南）至少在某些鸟种中会受到激素的影响。行为生态学家斯蒂芬·T.艾姆伦（Stephen T. Emlen）通过人为改变不同圈养鸟类接受的白昼长度，刺激其中一群在生理上"准备好"向北方迁徙，而另一群则"准备好"向南方迁徙。当他把这些鸟置于具有误导性的人造天空之下时，它们会遵循由激素驱动的迁徙方向，而不再理会眼前的星图。

——鸟类能感知且根据地球磁场来定向。这一点已经在对照实验（将磁铁固定在受试鸟类身上以扰乱其对地球磁场的感知，同时观察鸟类对类似的人造磁场的反应）中得到了证明。20世纪70年代，神经生物学家查尔斯·沃尔科特（Charles Walcott）等人在鸽子的大脑和头骨之间发现了磁性物质，可用于感应地球磁场来定向。有证据表明，鸟类体内的"磁罗盘"可能是一种基本的天然导航系统，可以在观察不到其他线索（如星星）的情况下发挥作用。

——至少某些鸟种的导航能力可以通过经验获取。实验证明，迁徙的成年紫翅椋鸟很容易调整航向以到达它们传统的越冬地；而来自同一种群缺乏经验的幼鸟虽然看似知晓它们应该遵循的方向，但在迷路时却无法调整航向。这意味着虽说它们生来就有一些基本的"知识"，知道该往哪个方向走、走多远，但是至少某些种类的幼鸟必须学习、掌握它们特定越冬地更为详尽的地理"知识"。

——有些鸟类会利用气味找到巢，至少在靠近它们巢的时候可以如此。人们已在白腰叉尾海燕身上通过实验证明了这一点。它们在前往繁殖的洞巢途中会顺风飞行，以捕捉并且追踪洞巢的气味。这一技能对某些鸟类来说尤为实用，比如许多海鸟，它们必须在夜间从上千平方米范围内大同小异的栖息环境中的数百个洞巢里面找到自己的小家。这些鸟类以敏锐的嗅觉著称，凭借气味来寻找食物和家园。

——鸟种及种群迁徙路线的变化可能比我们之前认为的要更加频繁，设定迁徙路线的基因显然可以迅速演化以适应新的环境条件。近些年来，来自德国的部分黑顶林莺（一种旧大陆莺类）开始在不列颠群岛越冬，不再前往位于地中海西部和北非的传统越冬地。在英国越冬的黑顶林莺幼鸟在秋季已经表现出朝西北而非西南方向迁徙的自然倾向了。

另见词条：迁徙（Migration）

Nests and Nesting

巢和筑巢

在被要求画出一个鸟巢时，大多数人想到的可能是由草或其他植物筑成的一个杯状物。就许多雀形目鸟类的巢而言，这样的描绘倒也算准确，但对世界上各式各样的鸟巢来说，这样的描绘就不全面了。本书接下来将尝试从各个方面描述不同鸟类的巢和筑巢：

筑巢的原因。对属于不同科的许多鸟类来说，筑巢都是一个问题，因为它们根本就不筑"传统"的巢，只是将卵产在悬崖边（海雀、隼）；在沙滩上轻轻刨出一个浅坑（鸻、燕鸥）；在开阔灌木丛中的落叶堆筑巢（松鸡、夜鹰）；或者干脆就将卵产在其他鸟类的弃巢里（鸮类、有些野鸭）。某些情况下，它们会往这些斯巴达式的简朴居所添些草作为衬里。为了防御捕食者（或贸然闯入的观鸟者），这些鸟类中的极简主义者要么富于攻击性地防御领域，要么坐巢亲鸟暗淡的羽色能很好地融入周围的背景。

虽然许多鸟类以这种低成本的方式也取得了繁殖成功，但是从筑巢行为复杂的演化和多数鸟类普遍都筑巢的情况来看，显然巢可以保护卵和雏鸟免受天气与捕食者的伤害，或许还能提高育雏的效率，从而有助于提高后代的存活率。

各种各样的巢。不同鸟类鸟巢的"样式"也千变万化。先说说大多数雀形目鸟类的"标准"杯状巢，这样的巢可能位于粗的树枝上面、树杈处或是建筑的水平面。杯状巢的多样性还包括莺雀精心编织的巢（巢外再包裹上蛛丝），悬挂在细小的树杈之间。有些拟鹂则会编织出下垂的袋状巢。不少种类的鹪鹩则用草或树枝在树上、灌木、仙人掌或香蒲上建造体量相当大且松散的带圆顶的巢，或是凑合着将巢筑在岩穴、鼠洞、鸟类巢箱，以及更为不寻常的地方（约翰·詹姆斯·奥杜邦曾描绘过把巢筑在一顶破帽子里的莺鹪鹩）。另一种主要的鸟巢类型以枝条堆叠而成，从许多鸠鸽类用若干树棍搭起的鸟卵容身之所，到大蓝鹭和其他涉禽偏好的用树枝建造的结实平台，再到大型猛禽使用年复一年累积而成的巨大枝条堆（见下文）。

还有被全世界超过234种的啄木鸟凿出的树洞——这些洞的大小因啄木鸟种类不同而异（直径从接近9厘米到约60厘米都有）。山雀、鸦类等多种鸟类也会利用啄木鸟的洞巢。翠鸟及其近缘种和有些燕子还会在土中挖掘隧道和巢穴。美洲燕和白腹毛脚燕集群筑的呈簇状的形似烧瓶的泥巢则属于具美感的鸟巢之一。

有的鸟类筑巢习惯特别值得一提。澳洲界的冢雉科有12种，它们跟雉类的亲缘关系较近，会将卵埋在由太阳或火山活动加热的土壤里，或是腐败植物的下面，由此减轻它们孵化的责任（不过取而代之的是需要控制"孵化箱的温度"，麻烦的程度只是略微减少）。鹧鹕和其他少数鸟类在暂时离开巢的时候，会用枯枝败叶遮盖自己的卵，有观点认为这也是一种"甩手掌柜"般的孵化方式。

巢材。通常用于建造鸟巢外部基础的材料包括树枝、草、香蒲、莎草（藨草属）、灯心草（灯心草属）、海藻、潮湿腐败的水生植物、西班牙苔藓（*Tillandsia usneoides*）、树皮、叶状地衣、纸片、细绳、"垃圾"、泥和海鸟粪。有些鸟类常用花朵或彩色的纱线（或塑料）来"装饰"巢的外部。而多数大冠蝇霸鹟的巢里都会有一段蛇蜕。

所有的雀形目鸟类和不少其他种类的鸟都会将编织衬

里作为建造复杂巢结构的最后阶段，此时所用的材料比修建巢"外墙"的要精细得多。典型的衬里材料是树叶（干的或新鲜的）、细草叶、松萝、真菌的纤维（菌丝体）、苔藓、植物茸毛（蓟、马利筋等的）、树皮纤维、松针、鸟的正羽和绒羽（仅限鸭和鹅的），以及动物的毛发或毛皮。

许多鸟类会用某种黏合材料来加固自己的巢，所用的材料和加固的程度各有不同。有些燕类的巢完全是由泥筑成；美洲的霸鹟把巢建在岩石壁架或人造建筑上，主要建材是泥土，但植物的占比也不小。许多鸫类会用泥"涂抹"巢的内壁，再垫上一层细草。鸦类有时则会使用少量的泥土或动物粪便。某些鸟类雏鸟的排泄物也能被用来增加巢的结构稳固性。（大多数种类的）雨燕筑的巢别具一格，它们会用自己黏稠的唾液将小枝条黏成杯状巢。亚洲某些种类的金丝燕整个巢都由唾液构成。蜂鸟、戴菊和有些小型鸟类会用蜘蛛网与毛虫丝来缠绕它们的精致小型巢。

巢的大小。毫不意外，小鸟的巢肯定比大鸟的巢要小。然而，巢的大小差距之大着实令人印象深刻：星蜂鸟的微型杯状巢直径为 3.8 厘米，高 2.2 厘米，重约 28 克；而白头海雕的巢经过几十年的积累直径可达 2.7 米，高可达 6 米，最终到一两吨重。

位置，位置，位置。 除了半空中、海面上（"翠鸟"词条中提到的传说与事实恰恰相反）和水下（鹏鹏的巢通常部分浸没在水中），几乎所有能想象得到的地方都可以找到鸟巢。鸟巢在地面以下 0.9 米或更深处（穴小鸮、某些海雀）到树上超过 30 米的地方（戴菊、某些啄木鸟）都有。高度记录的保持者是一种生活在太平洋的小型海鸟——云石斑海雀。直到 1974 年 8 月 7 日，它们主要由鸟粪筑成的小型杯状巢才首次被一名攀树者偶然发现，位于美国加利福尼亚州圣克鲁斯县大盆地州立公园 45 米高的花旗松上。

特定的鸟种会倾向于将巢筑在特定的高度范围之内，然而这个范围可能会相当宽泛，并且跨越 2 个或多个生态位。大多筑地面巢的鸟类不会在树顶筑巢，反之，在树顶筑巢的鸟类也不会到地面繁殖；但某些筑地面巢的鸟类会在低矮的灌木或较低的树枝上筑巢，在树冠上繁殖的鸟类则可能会下到距地面几米的位置筑巢。这种高度的变化可能跟季节、地理位置或个体有关。许多鸟种已开始将人造建筑视为合适的巢址，少数如仓鸮、某些雨燕、家燕及其他燕类、霸鹟、家麻雀、家朱雀、烟囱雨燕等，甚至更为偏爱人造建筑而非天然巢址。据记载，家燕、家麻雀和有些鹟鸲时常会在渡轮上筑巢，每日跟着渡轮往返进行孵卵和育幼。北美东部的紫崖燕似乎只在人们设置的"崖燕屋"和专门为其准备的空心葫芦里筑巢了。

树顶筑巢

或是无心，或是有意，有些鸟类会在靠近其他更具攻击性鸟类的地方筑巢，以此来提升自己巢的安全性。例如，几种雀形目鸟类偶尔会在猛禽巢的枝条空隙间筑巢，而在燕鸥或海鸥繁殖集群里筑巢的鸟类无疑会从这些鸥类简单粗暴的巢防御手段当中获益。雌性黑颏北蜂鸟常常把巢建在库氏鹰和苍鹰巢的附近，以此来防止墨西哥丛鸦和其他巢捕食者的侵害。一些新热带区的鸟类经常在黄蜂群或蚁群附近筑巢，以便在不明显危及自身安全的情况下躲避捕食者。目前还没有北美鸟类掌握了这类选址技巧的记录。

雌雄的分工。总的来说，雌鸟往往主导着选址和筑巢，但雄鸟通常也不能完全当"甩手掌柜"。鸟类学家已经确定北美雀形目 56% 种类的雄鸟会为筑巢做出一定贡献。就大多数鸟类而言，雄鸟只扮演一个次要的或仪式性的角色，例如给雌鸟带来巢材。但在某些鸟类（如蚋莺）中，雄鸟非常积极地参与筑巢。灰瓣蹼鹬可能是唯一由雄性独自负责筑巢的鸟类。不过我们也知道，尚未配对的雄性鸸鹩会先筑一个巢，如果雌性鸸鹩愿意接受雄鸟，则会在该巢的基础上重新加工。所有种类的蜂鸟，大多数的山雀科、拟鹂科、唐纳雀科和雀科，有些鸫类、燕类、莺雀和林莺，都是由雌鸟独自完成筑巢。大部分鸟类有着多样的分工方式。例如，某些种类的雄性鹪鹩会建造多个巢"壳"，雌性鹪鹩会选择其中一个并为其添加垫料。但就莺鹪鹩来说，雌鸟肩负了全部的筑巢重任，雄鸟则只是衔运树枝摆摆样子而已。

另见词条：鸟卵 [Egg(s)]

Nice, Margaret Morse (1883—1974)

玛格丽特·莫尔斯·尼斯

N

在鸟类世界里，玛格丽特·莫尔斯·尼斯这个名字与歌带鹀密不可分，她在《歌带鹀生活史研究》（*Studies on the Life History of the Song Sparrow*）中记述了对这种鸟类进行的细致入微的研究。尼斯对鸟类的兴趣始于在马萨诸塞州阿默斯特镇度过的童年时期——她 12 岁就开始记录鸟类的行为了。她在霍利约克山学院获得学士学位，后于克拉克大学取得了生物学硕士学位，大学毕业后嫁给了一位医学教授，生养了 5 个女儿，之后随家人搬到俄克拉荷马州（1913—1927年在那里生活）。她丈夫接受了当地诺曼大学的教授职位。她在那里继续了自己的鸟类研究，最终在1931年出版了《俄克拉何马州的鸟》（*Birds of Oklahoma*）。尼斯强烈的求知欲和对孩子成长的观察也促使她研究了儿童心理学，还特别关注了儿童语言能力的发展，并先后发表了18篇相关论文。

尼斯搬到俄亥俄州哥伦布市之后在学术上的另一个动向是跟专业鸟类学家社群建立了联系，其中包括另一位杰出女性鸟类学家弗洛伦斯·梅里亚姆·贝利。据说，贝利曾因尼斯对哀鸽令人钦佩的研究而在美国鸟类学家联合会的一次会议上将她称为"哀鸽·尼斯夫人"。尼斯也正式在哥伦布市开始了自己对歌带鹀的开创性研究工作，她花了8年时间研究了70多对歌带鹀。有关这项工作的学术发表为尼斯赢得了国际同行的认可，并让她得以与当时最受人尊敬的一些鸟类学家取得了联系。这不仅是由于她出色的研究质量，还在于她的工作（令人欣喜地）预示着鸟类学研究的重心将从痴迷于发现新的鸟种及研究分布转向行为学研究。杰出的恩斯特·迈尔就认为尼斯"几乎单枪匹马地开创了美国鸟类学的新时代"。

尼斯发表了200多篇有关鸟类的论文和3000篇书评，

1939 年还出版了关于歌带鹀的畅销书《鸟巢守望者》(*The Watcher at Nest*)。她加入了世界各地的多个鸟类学术团体，获得了霍利约克山学院的荣誉博士学位，还是继弗洛伦斯·梅里亚姆·贝利之后荣获布鲁斯特奖章的第二位女性 。

另见词条：弗洛伦斯·梅里亚姆·贝利 [Bailey, Florence Merriam (1863—1948)]。

Nuttall, Thomas (1786—1859)

托马斯·纳托尔

纳托尔出生于英格兰约克郡，并在那里当印刷工学徒，直至 1808 年移民到了彼时"美国博物学界的雅典"——费城。他的主要身份是一名植物学家，曾独自徒步穿越北美的大部分地区（尤其是南部和西部），进行

创立于 1919 年的布鲁斯特奖章是美国鸟类学会历史最为悠久的一项荣誉，颁发给就西半球鸟类研究做出了卓越贡献的个人，尼斯在 1942 年荣获了该奖章。

了广泛的植物收集。他在哈佛大学做了 11 年的植物园园长，收入微薄（他自称这段时期是"无所事事地与植物为伍"）；后还参加了约翰·K. 汤森（John K. Townsend）领导的费城自然科学院哥伦比亚河探险队。1842 年，他继承了一位叔叔在英格兰的产业，回到那里度过余生。虽说纳托尔最伟大的作品都是植物学方面的研究，但是他也写了一些旅行见闻，即于 1821 年结集出版的《阿肯色旅行日志》（*Journey into the Arkansas Territory*）。他还写过 2 本小册子，可能是最早的北美鸟类野外图鉴。尽管他的专业是植物学，但他的名字被用来命名纳托尔鸟类俱乐部以纪念他的成就。该机构是北美最古老的鸟类俱乐部（成立于 1873 年），也是美国鸟类学家联合会的前身。汤森用纳托尔的名字命名了北美小夜鹰（*Phalaenoptilus nuttallii*）及霸鹟的一个单型属（*Nuttallornis*，意为"纳托尔鸟"）。不过该属曾经只有绿胁绿霸鹟这一个物种 [如今已被归入绿霸鹟属（*Contopus*）]。

Odor

气 味

　　养鸟人："昨天我用棉花塞住了鹦鹉的鼻孔。"

　　鸟类学家："是吗？那它怎么闻味道啊？（ How does he smell，也有"它闻起来怎么样"之意）

　　养鸟人："臭不可闻！"

　　毫不意外，迄今为止，鸟类的体味几乎没有引发人们的普遍兴趣（甚至连专业人士也没多少研究兴趣），相关文献也很稀少。即便如此，哪怕只是为了鼓励先行者进入鸟类学的这一前沿领域，我们还是可以大胆地发表些一般性的评论。显然，鸟类的集群繁殖地或筑巢点会积聚排泄物和腐烂的食物，在大多数情况下会散发出令人类不适的强烈气味。不过，鸟类本身可能就具有特殊的气味，香的臭的都有。兀鹫类、某些鹳和其他食腐动物身上往往会带着它们"美食"的难闻气味（至少对我们来说是这样）。经常以臭鼬为食的美洲雕鸮往往会散发丁基硫醇的气味——这就是臭鼬臭味的专业名称，甚至博物馆放置鸟类标本托盘内的浓烈防腐剂味都难掩丁基硫醇的气味。

麝雉是栖息在南美洲热带低地沼泽当中的独特物种，因其散发出新鲜牛粪般的强烈气味而被称为"臭鸟"。这种鸟82%的食物都是叶子，它们依靠膨大的嗉囊里共生细菌的发酵作用来消化这些叶子，其嗉囊就发挥了类似牛和其他反刍动物瘤胃的功能。鹱类及其他管鼻目海鸟有独特的油性或麝香气味，这是它们带强烈气味胃油的温和版本，在遭到其他动物侵扰时，管鼻目海鸟会喷吐出胃油作为防御手段。多数的陆生鸟类被认为很少或者根本没有气味。然而，在笔者看来，至少有些鸽鹬类和雀形目鸟类带有令人愉悦的、近似于花香的气味（但并不清甜）。研

麝雉，又名"臭鸟"

究夏威夷州鸟类的权威人士道格·普拉特（Doug Pratt）曾指出，夏威夷州的蜜雀带有一种非常独特的气味，死后甚至就连防腐剂都掩盖不住。毛岛蜜雀和管舌雀属（Paroreomyza）的成员被普拉特排除在蜜雀类之外的原因之一就是缺乏这种气味。

鸟类环志人员已经注意到夜间迁徙的候鸟羽毛上沾染了各种污染物（如二氧化硫）的气味，它们可能先飞越城市上空再撞上的雾网。

作为表明本领域仍有大量工作需要做的最后一项证据，我要在此引用著名鸟类学家罗伯特·斯托尔（Robert Storer）的话，他也确认凤头海雀"散发出一种类似柑橘的气味"。

另见词条：嗅觉（Smell）。

Origins of Birdlife
鸟类的（地理）起源

尽管追溯鸟类的亲缘关系困难重重，但有些博闻强记的研究者已经对某些鸟类科级阶元的地理起源提出了非常令人信服的推测。鸟类学家恩斯特·迈尔和莱斯特·肖特（Lester Short）认为，不可能从现有的证据来推测世界上29个鸟类科的起源，其中包括大多数的水鸟和一些全球性分布的科，例如鹰、夜鹰和燕类。他们认为现生的北美鸟类的科当中，美洲鹫、松鸡*、火鸡、秧鹤、鹟䴕*、嘲鸫、太平鸟*、丝鹟[如黑丝鹟（Phainopepla）]、莺雀和林莺就是在北美演化的（包括迈尔观点里定义的中美洲及安的列斯群岛）。随着近年来人们对鸟类分类学认识的不断深入，蚋莺、美洲的杜鹃类和齿鹑类也被认为是起源于北美的。上述带有星号的科则是进入欧洲、亚洲、非洲的种类——其中鹟䴕和太平鸟各1种。白令海峡的海床较浅，在海平面较低的时候会周期性地出露，从而将今天的阿拉斯加州和西伯利亚连接起来，成为美洲鸟类与欧洲、亚洲、非洲鸟类交流的主要通路。除了松鸡之外，上面列举的所有科如今在新热带区也有代表种类。

据信，起源自南美洲的科包括蜂鸟、冠雉、霸鹟、

实际上欧亚大陆分布有太平鸟和小太平鸟两种太平鸟科的成员，反倒是北美只有雪松太平鸟这一种。

唐纳雀和美洲拟鹂，这些类群都没有进入欧洲、亚洲、非洲，而是在新热带区实现了最大的物种多样性。

按照迈尔的观点，雉鸡及旧大陆鹑类、鹤 *、鸠鸽类、旧大陆杜鹃、仓鸮、鸱鸮、翠鸟、云雀 *、乌鸦和松鸦、山雀 †、鸸 †、旋木雀 †、鸫、旧大陆莺类 *、戴菊、鹟和鹎鸰 *，以及伯劳 * 都起源于欧洲、亚洲、非洲。本段标有星号的类群都没有进入新热带区，或者仅仅是勉强抵达；带匕首标志的类群只到了墨西哥和中美洲的高海拔区域。自迈尔和肖特的时代以来，已有大量的论文对现代鸟类的地理起源提出了各种理论，但是两人在早期提出的许多假设仍然成立。

Ornithichnite

鸟类脚印化石

鸟类脚印化石是鸟或似鸟恐龙的足迹化石。

仿自奥拉·怀特·希区柯克（Orra White Hitchcock）在亚麻布上绘制的脚印化石图案，化石于 1840 年在加利福尼亚州被发现

Ornithomancy

鸟占术

　　鸟占术通过观察鸟类的行为来对未来做出神奇的预测。虽说鸟占术似乎是种只存在于遥远过去的做法，但是至今它在我们的语言中仍然有迹可循。古罗马时期"占兆官"（augur）是官方的占卜者，他们通常会根据鸟类或其他动物的行为，有时也基于天文现象，在公共事件发生之前解释某些预兆。"augur"一词可能源自拉丁语"avis"（鸟）和"garrire"（谈话），我们至今仍然会说某事"预示着好的（或坏的）结果"（augurs well or poorly）。古罗

马人使用术语"auspex"（由"avis"和"specere"组合而成，表示"看"）来表示占卜者的位置。因此，我们的英语单词"auspices"（主持）和"auspicious"（吉祥）也是直接源自神奇的罗马鸟类观察历史。

Painting

绘　画

　　鸟类绘画主要分为两大类：①出现在艺术大师作品中的鸟类——有时这类形象在画面当中非常突出；②鸟类肖像画，即以鸟类本身为主角。[或许只有瑞典印象派画家布鲁诺·利耶夫什（Bruno Liljefors）既是杰出的鸟类肖像画家，也是公认的主流画家。]鸟类肖像画的最佳范例可展示出创作者精湛的绘画技艺，及其对光线、纹理、构图和其他元素的敏锐感知，但意图却与前述艺术大师的作品截然不同，因此这种形式的鸟类绘画就留待稍后单独讨论。

　　艺术史。毫不夸张地说，鸟类的形象在艺术史中随处可见。它们通常以风格元素的形式出现，用于展示世界的现状（或曾经的世界）。目前，已知最古老的、可识别出物种的鸟类绘画形象是洞穴壁上的红色赭石肖像，描绘了一种巨大的、不会飞的、已灭绝的鸟类——牛顿巨鸟（*Genyornis newtoni*）。这一体形庞大的种类跟鸸鹋关系相近，据信是由澳大利亚最早的居民在约40 000年前绘制的（它灭绝的时间似乎也与人类抵达澳大利亚的时间相吻合）。在大约 17 000 年前欧洲旧石器时代的洞穴岩画上面，有些狩猎场景中出现了一些可辨识种类的哺乳动物，但是只有非常小的种类莫辨的鸟类形象，也许表明了它们是相对不太重要的猎物。

相比之下，在约公元前 2400 年古埃及王国高官提（Ti）的墓穴中发现的石灰岩浮雕上可以清楚地看到苍鹭和翠鸟出现在猎杀河马的场景之中。约公元前 1360 年图坦卡蒙法老墓中的珍宝之一是个彩绘的箱子，画中年轻的国王正在捕猎鸨（及其他多种动物），旁边还有 2 只兀鹫。狩猎鸟类的场景也出现在伊特鲁里亚、古希腊和古罗马的经典壁画上，以及中世纪的挂毯和彩绘插图文本之中（鹰猎文化在中世纪是一个非常受欢迎的主题），直至近现代都持续出现在重要的艺术作品里面。例如，19 世纪美国画家温斯洛·霍默（Winslow Homer）的《左右》（*Right and Left*）描绘了一对鹊鸭在寒风刺骨的海面被远处船上的猎人击落的场景。时至今日，狩猎仍然是非洲、澳大利亚、南美和因纽特文化艺术的中心主题。

到 15 世纪，如乌鸦、喜鹊和麻雀这样常见的庭院鸟类在精心绘制的日常生活场景中占据了一席之地，例如林堡兄弟（Limbourgs'）的《贝里公爵的豪华时祷书》（*Les*

临摹温斯洛·霍默的《左右》

Très Riche Heures du Duc de Berry），以及后来老彼得·勃鲁盖尔（Pieter Bruegel）描绘的城镇和乡村场景。尽管这之后的风景画当中偶尔也会出现种类可辨的鸟［如彼得·保罗·鲁本斯（Peter Paul Rubens）《斯滕城堡的风景》（*Landscape with the Chateau de Steen*）里远处的喜鹊］，但该时期的鸟类更多被用作对自然的模糊表现，例如，克劳德·莫奈（Claude Monet）、约翰·康斯特布尔（John Constable）及印象派画家寥寥几笔涂抹出的无名鸟类形状。奉行美国光亮主义（1850—1875年）的画家在海景画中大量使用了一种小的宽"V"形"海鸥"，所有的学

童都熟悉这种画法，并会将类似的"海鸥"生动地画在天空中。在约瑟夫·特纳（Joseph Turner）的《奴隶船》(*The Slave Ship*)里，这些必不可少的海鸟在表现形式上发生了一种可怕的变化，它们（鸥或鹱？）盘旋在血腥杀戮的场景上空。

鸟类造型纯粹的装饰性吸引了一些艺术家的注意，例如公元前7世纪古希腊的鸮形香水瓶，以及公元前6世纪古希腊阿提克黑陶双柄浅酒杯上的图案。14世纪末和15世纪初，高度形式化的花园场景挂毯与壁画当中则充分利用了孔雀和金黄鹂等鸟类形象及其明亮颜色。这些"理想型"鸟类在文艺复兴时期抒情的田园牧歌场景〔如提香·韦切利奥（Tiziano Vecelli）于1518年创作的《酒神》(*Bacchanale*)〕和18世纪让－安东尼·华托 (Jean-Antoine Watteau) 与让－奥诺雷·弗拉戈纳尔（Jean-Honoré Fragonard）笔下的浪漫仙境中也很常见。在巴洛克时期的室内天顶画中，丘比特和天使的数量通常要多于鸟类，但也有不少时候画中出现飞翔的燕子或其他符合田园诗意象的鸟类形象，如17世纪20年代圭尔奇诺（Guercino）在罗马卢多维西别墅绘制的天顶画《奥罗拉》(*Aurora*)。有点讽刺的是，艺术创作里一些最为细致的鸟类绘画出现在

17世纪的荷兰静物画当中。正如巴洛克传统里奢华的花卉和食物布置一样，因其丰富多样的羽色与图案而被精心挑选出的鸟类都被描绘得十分精致——只是它们都已是毫无生气的尸体。

有些画家意识到鸟类在增强奇幻主题效果方面具备的潜力。荷兰北部的耶罗尼米斯·博斯（Hieronymus Bosch）是运用鸟类表现幻想题材的大师，从他笔下描绘的具体鸟种及其作品中出现的各式各样鸟类的精准还原度来看，博斯似乎对鸟类有着浓厚的兴趣。作为流派元素，鸟类出现在博斯的许多画作之中。在著名的三联板画《人间乐园》（*Garden of Earthly Delights*）里，他使用了极为丰富的鸟类形象——既有真实的，也有想象的，种类之多令人惊叹。在主题为"伊甸园"和"地狱"的两侧板画上，他借助鸟类分别为我们呈现了相当标准的田园景象（鹭类、孔雀）和恐怖画面（鸮类和夜鹰）；在中央板画上他表现了"人间天堂"或（更有可能？）"罪孽深重的人"，此时出现在周边的鸟类就远不止是装饰了：巨大的红额金翅雀、啄木鸟、戴胜、松鸦和鸮类在拥挤的水池中玩耍，带着它们的人类兄弟一起嬉戏欢闹，一只微笑的鸭子把水果投喂进一个人的嘴里，琵鹭高兴地在山羊背上呱呱大叫，一只欧亚鸲兴高采烈地背着一个头顶着巨大豆荚的人。以现代人的眼光来看，这幅显得有些拥挤的场景倒像是某种生态的天堂象征，鸟类和人类（及许多其他生物）在此似乎非常和谐地生活在一起。不过，大多数艺术史学家都同意，尽管这座欢乐花园里的生物都露出天真无邪的表情，但是它们实则代表了三联板画的左侧画板所描绘的堕落后果，以及右侧画板所显示的永堕地狱的前兆。跟画中其他动物及形态一样，博斯绘出的这些鸟各有寓意，同某种或多种特定的罪恶相关，当代观众也是能看出这点来的。

在离开幻境之前，我们也许应向 20 世纪的幻想家亨利·卢梭（Henri Rousseau）致敬，他笔下令人难忘的丛林场景［例如《梦》（*The Dream*）］里面大多包括一两只想象的鸟类，用于唤起一种原始而天真的氛围。

最后应该强调的是，鸟通常作为具体事物的象征（如圣人或撒旦），或是某种情感或现象的代表（如精神的波动或春天的到来），这在早期绘画中尤其明显。例如，博斯笔下的鸮类代表着邪恶或冥界，它无所不在，却往往又被人间所忽略；他笔下的卵是炼金术用具，在许多作品中都承载着令人意想不到的含义。早期教堂绘画中的鸟类在很多情况下代表着基督教的某种特质，比如彩绘十字架上流血的鹈鹕。康斯坦丁·布朗库西（Constantin Brancusi）闪闪发亮的抽象青铜雕塑《空中鸟》（*Bird in Space*）的鸟以一种不太直观的象征形式，表现了人对鸟类飞行时优雅身姿的欣赏。

可以说，中国北宋著名帝王画家宋徽宗的传统花鸟画是最为精美的鸟类彩绘。流连于荷花间优雅的白鹭、栖于开花李树上凶猛的苍鹰，也代表它们暗示给人类观察者的品质。没人能够否认它们的模样极具吸引力，优雅的线条和协调的体态令人赏心悦目。

鸟类绘画。此处将其定义为是描绘鸟类本身而进行的画作，以便区别于因各种原因出现在传统主流绘画作品中的鸟类（见上文）及神话中的鸟类（例如美洲原住民世世代代描绘的雷鸟）。不幸的是，这一定义不可避免会给人留下描绘鸟类（关于鸟）的画作永远只是次要艺术作品的印象。

抛开"什么是艺术？"和"为什么策展人不把福特斯挂在马蒂斯旁边？"等棘手的问题，我们在有限的篇幅内仍可提出一种方法来评估"鸟类艺术"的特质，这个流派从未像今天这么受欢迎。我们可以从考察艺术家-工匠的能力和揣摩他们的意图入手。有些人学习画鸟是出于对鸟类主题的热爱，他们对"艺术"所知甚少，对光线、构图、绘画技巧和氛围的了解也仅仅是为得到诸如"这就是一只冠蓝鸦！""真厉害，你能看到每一根羽毛！"这样的评论。许多这样的"鸟类画家"创作了令人钦佩且通常价值不菲的作品，但是这些作品的目标只是对一种充满魅力的动物进行"栩栩如生"和装饰性的描绘，而不是追求更高的艺术水准。还有些人则首先是艺术家（受过绘画技巧的训练），同时也对自然世界有深刻的理解，并致力于用才华和经验来表达他们敏锐的感知。

我们刚刚划分的界线并不清晰。任何受过训练并以描绘鸟类为生的艺术家在从业的最初几年往往都在画插图，这些插图的用途（野外辨识、科学描述）要求绘画者尽量减少主观的诠释。因此，无论艺术家的感受力有多高、技艺有多精湛，这样的工作都没有办法展现他或她的深度或广度。相反，最有才华的鸟类画家有时会将与生俱来的天赋和他们对主题的感受相结合，创作出一些兼具深度和微妙质感的作品。总的来说，即使是画鸟的艺术家所创作的最简单直白的野外素描，也能包含一种难以定义的特质（艺术想象力或审美洞察力？），而这通常正是鸟类画家哪怕最宏大、最绚丽的设计当中所欠缺的。

不幸的是，公众（尤其是美国公众）严重缺乏品评鸟类绘画的精妙辨别能力。最好的鸟类图鉴和最精美的插图专著只展现了艺术家能力的一个方面，而很少展示其"艺术视野"。如今在机场和自然杂志上高价兜售的、煽情的动物主题作品对教育大众品位起到的作用并不大。我们最为优秀的博物画家创作的最具表现力的原作大多都深藏在少数有能力购买它们的人家里。很少有艺术博物馆会在符合主流传统（即便是小艺术家）的作品边上挂一幅鸟类绘画。不论公平与否，这就是现实。因此，我们能看到的往往只有鸟类肖像画，其中的一些非常精美，还有许多则差强人意或乏味至极，但是所有这些作品在概念上都过于局限而无法真正达到"鸟类艺术"的层次。幸运的是，聚焦于该领域的一些优秀艺术书籍已经出版面世，它们阐释了欧洲自然艺术家的传统。瑞典印象派画家布鲁诺·利耶夫什是该传统的杰出代表，他几乎影响了之后所有想成为自然题材画家的人。他在北美无人知晓，直到几十年后他的作品才在玛莎·希尔（Martha Hill）1987年出版的《布鲁诺·利耶夫什：绝世之眼》（*Bruno Liljefors: The Peerless Eye*）一书当中被欣赏到（可惜书中收录的很多画作印制效果不行）。这一流派的爱好者也应当看看现代画家中最得利耶夫什真传的拉尔斯·约松（Lars Jonsson）已出版的作品。他既是一位无与伦比的野外图鉴插图画家，也是享誉国际的画廊艺术家。尤其要看看他 2002 年出版的《鸟与光》（*Birds and Light*），这本书提供了一段历史概述，还展示了这位艺术家的许多作品。罗伯特·维尔里蒂·克莱姆（Robert Verity Clem）的作品也能归入这个至高的境界。遗憾的是，由于对自己的画作在 1967 年出版的《北美鹬鹬类》（*The Shorebirds of North America*）中呈现的印制效果感到失望，他拒绝再印刷出版更多的作品——即便他晚年创作的风景画（带有鸟类）与安德鲁·怀斯（Andrew Wyeth）的作品相比也毫不逊色。

任何自然绘画大师名单都必然包括约翰·詹姆斯·奥杜邦、路易斯·阿加西斯·福特斯（Louis Agassiz Fuertes），还有艾伦·布鲁克斯、威廉·T. 库珀（William T. Cooper）、唐·埃克贝利（Don Eckleberry）、埃里克·恩尼恩（Eric Ennion）、伊丽莎白·古尔德和约翰·古尔德、弗朗西斯·李·雅克（Francis Lee Jacques）、J. 芬威克·兰斯多恩（J. Fenwick Lansdowne）、爱德华·李尔、乔治·洛奇（George Lodge）、罗杰·托里·彼得森、彼得·斯科特（Peter Scott）、亚瑟·辛格（Arthur Singer）、乔治·米克施·萨顿（George Miksch Sutton）、阿奇博尔德·索伯恩（Archibald Thorburn）、查尔斯·弗雷德里·滕尼克利夫（Charles Frederick Tunnicliffe）和沃尔特·韦伯（Walter Weber）。

有关在世的艺术家对当代博物学艺术作品的精彩汇总，请参阅威斯康星州沃索市李·约基·伍德森艺术博物馆编列的目录（包括绘画、雕塑和其他艺术形式），以及"艺术家为自然"（Artists for Nature）基金会在荷兰出版的系列书籍。

对本主题感兴趣的读者还应知道除了伍德森艺术博物馆，北美还有另外 2 家专注自然主题艺术的博物馆：怀俄明州杰克逊霍尔镇的国家野生生物艺术博物馆和马萨诸塞州坎顿镇由该州奥杜邦协会运营的美国鸟类艺术博物馆。

Peterson, Roger Tory (1908—1996)

罗杰·托里·彼得森

除约翰·詹姆斯·奥杜邦以外，美国公众心目中与鸟类联系最为紧密的人或许就是罗杰·托里·彼得森了，他在该领域有着跟约翰·詹姆斯·奥杜邦一样举足轻重的地位。跟许多将观鸟爱好保持终身的人相似，彼得森在很小的时候就点燃了对观鸟的热情。他出生在纽约州詹姆斯敦，父母是欧洲移民（父亲是瑞典人，母亲是德国人），他爱说自己总是无时无刻不在观鸟。彼得森个头不高（自称"小学班级里的弱鸡"），害羞又书生气十足，他在大自然里（尤其从鸟类身上）感受到了慰藉与感召。务实的家人并没有给彼得森什么鼓励，同龄人更是公开嘲笑他。他七年级时遇到的教师布兰奇·霍恩贝克小姐（Miss Blanche Hornbeck）成了他生平的第一位支持者和指导者。因为霍恩贝克小姐懂得他对鸟类的痴迷，彼得森在后来讲述自己辉煌的职业生涯时，总是会反复提到这位恩师。"红发且漂亮的"霍恩贝克小姐组织了一个青少年奥杜邦俱乐部，她利用美国奥杜邦协会的一些折页和一本切斯特·里德（Chester Reed）的袖珍《鸟类图鉴》（*Bird Guides*），为年轻学生创建了一个观鸟小组。似乎作为一名观鸟者还不够糟糕，年轻的彼得森还是一个艺术家（或许是从他从事家具木作的父亲那里继承了创作本能），结束了表现平平的高中之后——由于总在笔记本上画鸟和纠正老师在鸟类知识上犯的错误，他总是"麻烦缠身"——他选择去纽约

罗杰·托里·彼得森在作画

市逐梦，进军商业艺术领域。在纽约艺术学生联盟和美国国家设计学院学习期间，他开始参加美国自然博物馆林奈学会举办的会议。他在那里跟许多人一起，特别是与布朗克斯县鸟类俱乐部7名热情的年轻成员一起，共同感受现代观鸟之父勒德洛·格里斯科姆的个人魅力，接受他的悉心指导。

在界定自己取得的巨大成就时，彼得森总是不厌其烦地指出他并没有发明"辨识特征"概念［可能是爱德华·豪·福布什（Edward Howe Forbush）引入的这一概念］，也没有发明专注于辨识要点的还原论[1] 鸟类识别方法（这是勒德洛·格里斯科姆的天才想法）。相反，他的贡献在于创建了一种易于理解的绘画图像系统，让人一眼就能看出两个物种间的不同之处（在这点上他比之前的任何人做得都要好，后来的许多模仿者也未能超越他）。鸟的形态被有意描绘成一种简单的、近乎图解的样式，同时还用小箭头标出了最关键的野外辨识特征。在大萧条后的1934 年，霍顿·米夫林出版公司一位富有冒险精神的编辑保罗·布鲁克斯（Paul Brooks）出版了彼得森的《鸟类野外图鉴》（*A Field Guide to the Birds*）第一版，出乎许多人的意料，这本书很快就成了畅销书。

当然，第一本现代野外图鉴的成功只是彼得森辉煌事业的开始，他不仅作为著名的爱鸟人士，也作为自然世界杰出的代言人而赢得了世界范围内的声誉。彼得森身兼讲师、艺术家、摄影师和保护自然世界的倡导者数职，通过

---

[1] 还原论是一种哲学思想，这种思想认为复杂的系统、事物、现象都可以通过将其化解、拆分各部分的方法来加以理解和描述。

出版目前已累积到 60 余个主题的一系列野外图鉴，他不仅向数以百万的读者介绍了博物学的无尽魅力，也帮助建立了保护自然需要依存的强大民众基础。

除了已出版的作品，彼得森的精神还通过纽约州詹姆斯敦一家以他的名字命名、正在蓬勃发展中的博物学教育研究机构得以延续。

Piracy
鸟中盗匪

在鸟类相关的语境下，"piracy"指一只鸟从另一只鸟那里"偷"食物——更专业的说法是"偷窃寄生"（kleptoparasitism）。包括多种雀形目鸟类在内，许多鸟种都有这样的行为。有些猛禽和海鸟食物的很大一部分都是通过骚扰其他鸟类，迫使后者放弃自己的猎物而得来的，尽管这些"鸟中盗匪"其实完全有能力自己捕食或觅食。在白头海雕和鹗都有的地方，前者常常会追逐后者，直到鹗放弃自己抓到的鱼为止。军舰鸟则专门去追逐鲣鸟和其他热带海鸟，甚至会直接攻击不愿意放弃猎物的鸟。远洋

"海盗"也并不只打看得见的食物的主意，它们知道被追赶的鸟会吐出已吞下的食物来"减轻负担"以便于更快地逃脱。技艺最娴熟的"鸟类海盗"会在落水之前就截获其他鸟类反呕出的"珍馐"。

"受害者"在紧张时会排便，这也许是为了对抗袭击者或是减轻负荷。这个现象导致有些海员认为"鸟类海盗"会吃掉排泄物，因此将贼鸥称为"食粪鹰"（jiddy hawk，很接地气的叫法）。这种观念甚至被当成了贼鸥的属名（Stercorarius），意思就是"吃屎的鸟"。虽说"鸟类海盗"经常会错误地追踪"受害者"排出的已消化的食物碎屑，但仔细观察证实它们确实很少吃下排泄物。

可以说，体形最大的贼鸥是最具攻击性的"鸟类海盗"，它们曾被归为一个单独的属（Catharacta），但现在则被并入了体形较小贼鸥的属。人们发现这些强大的海洋捕食者会抓住鲣鸟（体重是贼鸥的2倍）的两翼，将它们拽入海中，并且试图将它们摁在水下以迫使"受害者"吐出食物。

鸥类作为足智多谋的捕食者之一，还掌握了窃掠技巧。除了追逐其他的鸟类，它们还学会了伴随潜水的海鸟活动，希望能攫取一顿免费的大餐（还经常得逞）。笑鸥和红嘴灰鸥经常直接就把褐鹈鹕的头作为窃食的理想落脚点。

笑鸥和褐鹈鹕

Plumage

羽 毛

"plumage"是覆盖鸟类身体的所有羽毛的总称。所有的鸟类最终都会披上这样的"羽毛外衣",这是它们区别于其他动物的特征之一。

以下从 4 个方面介绍羽毛。

羽毛的组成。鸟类的每一片羽毛在形状和结构上都有很大的差异。下面只描述其主要的结构变化。

鸟类身上几乎所有可见的羽毛，包括相对较大、坚硬的飞羽和尾羽，以及赋予鸟类流畅轮廓的较小、较软的羽毛，都叫作"廓羽"，都有一个中心"羽片"和"羽轴"。

在廓羽下面通常有一层短而柔软、没有明显羽片的羽毛。不同的鸟类这种羽毛着生的位置和厚度也有差异。这类羽毛要么是绒羽，要么是半绒羽，它们不仅相互融合在一起，也跟廓羽相贴合。不过，有些鸟类就完全没有绒羽。

除了廓羽及其下的绒羽和半绒羽之外，鸟类还有一种长而窄的羽毛，顶端通常有一些"羽小枝"，称为"毛羽"。毛羽总是跟廓羽相伴而生，可能分布在鸟身体的大部分位置，但却很难被观察到。除非你知道想要看的是什么，并且有光学性能优良的望远镜（或是将鸟捧在手里）。

还有一种很难被认为是羽毛的被称为"羽须"。羽须坚硬，像人的毛发，少数鸟类的羽须看起来像"眼睫毛"（比如北鹝的），但它们通常是长在口裂周围的口须和盖住鼻孔的鼻须，大多数鹟类和夜鹰都有这样的结构。

最后，还有被称为"粉䎃"的特化羽毛。粉䎃均匀地分布在多数鸟类的廓羽下面，但在少数鸟种中则呈斑块状集中分布。粉䎃会释放出由微小的鳞状角蛋白颗粒形成的细小粉尘，其具体功用尚不完全明确。

总而言之，廓羽＋绒羽＋半绒羽＋毛羽＋羽须＋粉䎃＝全身羽毛。

羽毛的分布。粗看起来鸟类的羽毛似乎均匀地分布于体表，就像人类的头发覆盖于头皮一样。事实上，羽毛的分布方式更像秃顶男人的"地中海式"发型：要把一侧的头发梳过去，才能遮住头秃的地方。这是因为除了少数的鸟类（如鸵鸟、企鹅），其余所有鸟类的身体羽毛都长在离散的皮肤区域之内，这些区域被称为"羽区"，羽区之间没有羽毛着生的地方则是"裸区"。在不同的类群当中，由羽区和裸区形成的图案也存在差异，这也决定了羽毛在体表的分布。通常，主要的羽区覆盖了头部、喉部和颈部的大部分，然后从颈部至尾部宽窄不一地沿背部中央向下延伸；胸部和腹部则被羽区所包围；两翼背腹面的前缘及大腿的上部也有羽区。羽区所在的位置和范围显然也就决定了裸区的位置、范围和数量。绒羽可能或多或少地分布于全身，也可能仅限于裸区，或者完全就没有。换句话说，裸区可以是光秃秃的，也有可能覆盖着或薄或厚的绒羽和半绒羽。

当然，正常情况下，由于廓羽覆盖着裸区，因此与大多数秃顶的人类不同，鸟类能有效地将"斑秃"隐藏起来。

羽毛的数量。关于羽毛数量的数据相对较少（部分原因是没有人愿意做如此乏味的研究），但已经确立了一些基本的趋势。正如人们所料，体形小的鸟类的羽毛就比体形大的鸟类的羽毛要少。迄今为止的记录显示，廓羽最少的鸟类是红喉北蜂鸟，仅 940 根；最多的则是小天鹅，可达 25 216 根。目前对雀形目鸟类的研究表明，它们的廓羽数量在 1000 ~ 5000 根，除了少数的例外，正常范围似乎是 1500 ~ 3000 根。鸟类身体各部位分布的羽毛数量并不均匀。上面提到羽毛丰富的小天鹅，80% 的羽毛都集中在头部和颀长的脖子。跟体形大的鸟类相比，体形小的鸟类每平方厘米的皮肤往往着生更多的羽毛，并且与其体重成比例。这点和体形小的鸟类散热更快，更需要保温的事实相符。至少有些必须忍受严寒天气的鸟类到了冬季羽毛数量可以增至 112%。

羽毛的功能。如果我们问一只鸟能从它的羽毛中得到什么好处，首先想到的答案可能是飞翔的能力。从空气动力学角度来说，羽毛是理想的身体覆盖物：它质地很轻；鸟类可以通过收缩羽毛使身体呈流线型而最大限度减少空气阻力；飞羽和尾羽足够灵活，能够实现高度的机动性，又足够坚硬，使鸟类可以御风爬升和运动。

控制体温可能是羽毛更为重要的功能，调整热量尤其如此。半绒羽和绒羽像"内衣"一样提供了紧贴皮肤的保温层；层叠的廓羽既可以"变蓬松"，从而最大限度地锁住温热的空气，也可以"收紧"，让游泳的鸟类不会被冷水浸透。除了通过孵卵斑施加的"直接热量"，鸟卵里胚胎的温度和裸露雏鸟的体温也可以通过亲鸟羽毛的天然保温层来维持。此外，"滑溜的"半绒羽和绒羽还能在两翼与双腿根部周围发挥"抗摩擦"的作用。

羽毛的颜色、图案和装饰在物种识别、炫耀与抵御捕食者等方面都起着重要的作用。

雌性雁鸭和天鹅会将胸部的绒羽拔下来作为巢的衬里，有些陆生鸟类（如燕子）则会用它们"找到的"羽毛做巢的衬里和装饰。

羽毛也是食鸟猛禽吐出的"食丸"的一种黏合材料。鸬鹚会吃下自己的羽毛，可能是为了保护肠道免受尖锐的鱼骨和鱼刺的伤害。

另见词条：炫耀（Display）

Poetry

诗　歌

在诗歌当中，鸟类与文学结成了一种天然的联盟。诗人需要凝练而生动地描绘场景和表达情感，他们在人类体验里深刻而多样的鸟类象征（及人类体验中真实存在的鸟类）中找到了现成的答案。诗歌和鸟类鸣唱之间也有一种美好的联系，例如托马斯·哈代（Thomas Hardy）在《黑暗中的鸫鸟》（*The Darkling Thrush*）中将拟人化的隐喻和鸟鸣有机地融合在一起。鸟类的鸣唱也可以用于构思一首诗的结构，正如沃尔特·惠特曼（Walt Whitman）在《从永远摇荡的摇篮里》（*Out of the Cradle Endlessly Rocking*）中对拟声词的使用。最后，诗人作为终极的语言艺术家，必须懂得欣赏鸟类名称中大量有用且生动的"声音"。类似"潜鸟""信天翁""雕""鸻""杓鹬""鸫"和"麻雀"这样的词对诗人的帮助，并不会亚于它们对分类学家或观鸟者的益处。

鸟一开始就属于西方诗歌传统的一部分。它们出现在荷马（公元前800年前）和卡图卢斯（公元前1世纪）的歌词里；还在英国最早的英雄史诗《贝奥武夫》（*Beowulf*，8世纪初）中被提及；到了13世纪末，在作者不详的著名诗歌《春日已降临》（*Sumer is icumen in*）中，它们已完全成了象征更新和自然喜悦、欢乐的原型。正如诗中所述：

春日已降临，

高声歌唱，布谷！

自此，英国的鸟类——特别是云雀、家燕、欧亚鸲、新疆歌鸲、欧乌鸫、鸥歌鸫和大杜鹃——在英语发展的每个时期，每一种诗歌形式与表达，以及各种长度和质量的诗歌中得以大量出现。从乔叟到英美当代我们几乎找不到从未在诗中提到过鸟的诗人。

直到18世纪，莎士比亚在鸟类学上的博学一直没有受到质疑，事实上今天可能仍然如此。

但是毫无疑问，文学世界中最伟大的鸟类避难所是浪漫主义诗歌时代，始于威廉·布莱克（William Blake）

对因于笼中欧亚鸲的愤怒[《天真的预言》(*Auguries of Innocence*)]，（或许）到托马斯·哈代笔下黑暗中可怜的鸫结束。浪漫主义者的特点是热爱大自然丰富、狂野的意象和强烈的"歌唱"感，因此他们的诗歌中充满鸟类也就不足为奇了。那个时期诞生了有史以来最著名的（或许也是最优秀的）"鸟类诗歌"——珀西·比希·雪莱（Percy Bysshe Shelley）的《致云雀》(*To a Skylark*) 和约翰·济慈（John Keats）的《夜莺颂》(*Ode to a Nightingale*) ——也并不令人意外。18世纪末至维多利亚女王去世期间，从诗歌中"孵化"而出的鸟类仅举以下几例：塞缪尔·泰勒·柯勒律治（Samuel Taylor Coleridge）传递解脱之意的信天翁[《古舟子咏》(*The Rime of the Ancient Mariner*)]，罗伯特·彭斯（Robert Burns）的"绿冠麦鸡"[《亚顿河水》(*Afton Water*)]，威廉·华兹华斯（William Wordsworth）笔下种类丰富的雀形目鸟类（但大部分没有名称），阿尔弗雷德·丁尼生（Alfredlord Tennyson）的鸫[《歌鸫》(*Throstle*)]，罗伯特·勃朗宁（Robert Browning）的难以相信的鹡鸟，阿尔加侬·查尔斯·斯温伯恩（Algernon Charles Swinburne，又名史文朋）的"燕子姐妹"[《伊蒂拉斯》(*Itylus*)]，以及杰拉尔德·曼利·霍普金斯（Gerard Manley Hopkins）的"红隼"[《隼》（*Windhover*）]。

在现代诗歌中，人的地位似乎优于自然，但这更多是由于语境发生了变化，而非主题的任何明显转变。毕竟没人真正见过雪莱的云雀和济慈的夜莺。它们都只是一种完美无缺且完全拟人化的狂喜隐喻，与必定会压抑人类喜悦之情的忧郁形成鲜明对比。现代诗人多有忽略自然的倾向，更关注把人类放到自己创造的背景之中去审视——比如战争和城市，而这样的环境通常并不适合鸟类生存。

不过，诗人又很难对自然视而不见，所以我们才有了威廉·巴特勒·叶芝（Willam Butler Yeats，也译作"叶慈"）精致的《库尔湖上的野天鹅》（*The Wild Swans at Coole*），狄兰·托马斯（Dylan Thomas）诗中频频出现的丰富的鸟类意象 [例如《在约翰爵士的山岗上》（*Over Sir John's Hill*）]，以及托马斯·斯特恩斯·艾略特（Thomas Stearns Eliot）阴暗的《斯威尼在夜莺之间》（*Sweeney Among the Nightingales*）与济慈的《夜莺颂》并存。除上述例子之外，还有其他许多的作品。

在研究美国的"鸟类诗歌"时，我们很难不同意这样的观点：那些作品都乏善可陈，大多数是伤感的打油诗——报纸上登的那种："我们快乐的朋友山雀 / 在高高的松树上叽叽喳喳地唱着歌 / 奇 – 咔 – 嘀 – 嘀 – 嘀，奇 – 咔 – 嘀 – 嘀 – 嘀。"

埃德加·爱伦·坡的《渡鸦》(*The Raven*) 必须要提到，不过标题中的鸟是只宠物和一种文学手法，而并非这首诗的主角。

拉尔夫·沃尔多·爱默生 (Ralph Waldo Emerson) 和亨利·华兹华斯·朗费罗 (Henry Wadsworth Longfellow) 的崇拜者一定会提起前者的《山雀》(*The Titmouse*) 和后者有关鸟类的各种沉思，例如《候鸟集》(*Birds of Passage*) 中的诗句："我听到了它们翅膀轻快的拍击声。"

实际上只有一首 19 世纪的鸟类诗歌名副其实，即惠特曼的《从永远摇荡的摇篮里》。惠特曼既是一位潜心研究的博物学者，也是一位严肃的诗人（这种情况下更加重要）。《从永远摇荡的摇篮里》中的嘲鸫不是"观察到的自然"，也并非对某种超然人性的平庸隐喻，而是知识的声音在召唤一个男孩摆脱他的纯真：

啊，你孤独的歌，倾听着——我将永远传给你……

惠特曼在他的抒情诗中有节奏地重复了嘲鸫的鸣唱。《草叶集》(*Leaves of Grass*)里面对很多鸟类都有描写,作者巧妙地运用它们来营造荒野的氛围,但《从永远摇荡的摇篮里》是独一无二的。还有几位美国的一流诗人也使用过鸟类主题或意象,但这些诗很少会被列为他们最好的作品。如果喜欢读诗的博物学家还不熟悉以下几首诗的话,那么他们可能会有兴趣了解一下。除了少数例外,这些都不是关于鸟类的诗歌,而是以各种方式运用鸟类意象的严肃诗歌。

艾米莉·狄金森(Emily Dickinson):《三点半的一只孤鸟》(*At Half Past Three a Single Bird*)、《就是那只旅鸫》(*The Robin Is the One*)、《听拟鹂歌唱》(*To Hear an Oriole Sing*)、《我曾如此害怕第一只旅鸫》(*I Dreaded That First Robin So*)、《一只鸟沿小路飞来》(*A Bird Came Down the Walk*),以及其他多首以鸟为主题的诗。

托马斯·斯特恩斯·艾略特:《安角》(*Cape Ann*)[《风景画》(*Landscapes*)的最后一部]。

罗伯特·弗罗斯特(Robert Frost):《灶鸟》(*The Oven Bird*)、《冬天找寻日落之鸟》(*Looking for a Sunset Bird in Winter*)、《一只小小鸟》(*A Minor Bird*)、《睡梦中

艾米莉·狄金森和橙腹拟鹂

歌唱的一只小鸟》（*On a Bird Singing in Its Sleep*）。

弗拉基米尔·纳博科夫（Vladimir Nabokov）：长诗《微暗的火》（*Pale Fire*）的第一节（当然，这并不是"鸟类诗歌"）。

玛丽·奥利弗（Mary Oliver）：她的诗中充满了大自然的意象，其中也包括鸟类。她的诗集《红鸟》（*Red*

Bird）中就有不少例子。她的作品往往没有多愁善感，反而常带有黑暗或讽刺的色彩，比如下面这首《展示鸟类》（*Showing the Birds*）：

孩子们，看，这是害羞的不会飞的渡渡鸟，

这五颜六色的鸽子叫旅鸽，

这是大海雀、极北杓鹬，还有

被称作上帝鸟的啄木鸟……

来吧，孩子们，快点来——

博物馆的黑暗抽屉里有更多精彩的东西要展示

给你们。

华莱士·史蒂文斯（Wallace Stevens）：《注视一只拟鹂的十三种方式》（*Thirteen Ways of Looking at a Blackbird*）和《长着铜色利爪的鸟》（*The Bird with the Coppery, Keen Claws*）。

罗伯特·潘·沃伦（Robert Penn Warren）：诗集《几首安静、简单的诗》（*Some Quiet, Plain Poems*）中的《奥杜邦》（*Audubon*）和《世事沧桑话鸣鸟》（*Ornithology in a World of Flux*）。

特德·休斯（Ted Hughes）:《飞翔的杓鹬》(*Curlews Lift*)、《雨中鹰》(*Hawk in the Rain*)、《腐肉之王》(*King of Carrion*)［他在妻子西尔维亚·普拉斯（Sylvia Plath）死后创作的"乌鸦"系列］和《鹰栖》(*Hawk Roosting*)。

另见词条：小说（Fiction）；莎士比亚的鸟（Shakespeare's Birds）

Politics, Birds in

政治中的鸟

这方面至少有 3 个著名的例子。1948 年，在众议院非美活动委员会调查前国务院官员阿尔杰·希斯（Alger Hiss）期间，确认惠特克·钱伯斯（Whitaker Chambers）证词的真实性是关键一环。他声称与希斯关系密切，在其他众多确证的细节之外，他还提到了希斯热衷于观鸟。钱伯斯声称有一次希斯在波托马克河边看到一只蓝翅黄森莺（*Prothonotaria citrea*），并且为此而兴奋不已。理查德·尼克松（Richard Nixon）和众议员约翰·麦克道威尔（John McDowell，宾夕法尼亚州共和党代表，也是一名观鸟者）

在随后的讯问中假装漫不经心地与希斯套近乎，并从后者的回答中证实了其与蓝翅黄森莺的相遇和兴奋之情。"美丽的黄色头部，"希斯惊叹道，"好漂亮的一只鸟。"希斯最终因 2 项伪证罪而被定罪，被判处了 10 年监禁。

另一个则是反战活动家、耶稣会神父丹尼尔·贝里根（Daniel Berrigan）被捕事件。他和弟弟菲利普都是反对越南战争的抗议运动的领袖。他被判了 3 年监禁，但却设法脱狱。后来，美国联邦调查局特工追踪到他在罗得岛州的布洛克岛活动。众所周知，布洛克岛是秋季迁徙期间的热门观鸟点，为了掩人耳目，特工伪装成观鸟者。贝里根识破了他们的伎俩后投案自首了。他向警官解释说现在还不是岛上的观鸟季节（因此出现别的观鸟者就很可疑）。他服刑 18 个月后出狱，继续了自己的抗议运动。

2016 年 3 月，在俄勒冈州波特兰市人山人海的一座体育场，一只雌性家朱雀飞上了竞选总统集会的舞台，然后跳到伯尼·桑德斯（Bernie Sanders）的讲台上站了一会儿，其间，它一直盯着伯尼。这引发了台下人群的热烈欢

伯尼·桑德斯是美国佛蒙特州的联邦参议员，他以民主党人身份登记参与竞逐 2016 年的美国总统选举，最后在党内总统候选人竞争当中败给了希拉里·戴安·罗德姆·克林顿（Hillary Diane Rodham Clinton）。

呼，这只鸟也因此被称为"桑德斯鸟"。

便便等

鸟类的尿液和粪便通过同一个开口排出，这个开口也是被用于交配和产卵。将车停在椋鸟夜栖处或海鸟集群繁殖地附近的人都可以证明，鸟粪通常由固体黑色废物（粪便）和白垩质的半固体物组成。后者就是以尿酸形式存在的尿液，经由鸟类的肾脏和输尿管排出。如雁和松鸡这样的少数种类会产生更坚实的纤维状粪便，看到这样形态独特的粪便则提示周围生活着相应种类。

幼鸟会在巢里待上好几个星期，显然会给鸟巢带来潜在的卫生问题。鸟类用 3 种基本方法来解决这个问题：①某些鸟类，例如翠鸟和一些啄木鸟（及其他洞巢鸟类）并不介意让后代在排泄物中"摸爬滚打"。我们当然会觉得这种解决方案很不卫生，但它似乎并不影响践行这种办法的鸟类成功繁殖（请看第三条）。②大多数非雀形目雏鸟很快就会养成在巢边或洞巢入口处排便的习惯。③人类父母可能会对粪囊这种鸟类的独有特征心生羡慕：这是一种包裹雏鸟（主要是雀形目）排泄物的胶状袋。粪囊似乎是一种为了提高生存优势，维护巢内卫生的演化适应。亲鸟从雏鸟的泄殖腔中取出粪囊，要么把其带离鸟巢，要么吃掉。有些鸟类会习惯性地将粪囊丢入水中（也包括游泳池）。

最后，我们来回答每个人都在问的问题：鸟会放屁吗？加利福尼亚州蒙特雷水族馆的兽医马克·默里（Mark Murray）认为鸟类不是不能放屁，而是根本就用不着放屁。鸟类的肠道中没有人类和其他哺乳动物那样帮助消化食物的产气细菌，因此也就没有积聚的气体需要被释放。如果它们的肠道中确实积聚了气体，鸟类的体内没有任何可以阻止气体排出的结构。默里还热心地指出鹦鹉有时会发出像放屁一样的声音 [音同（伸出舌头并吹气而发出的无礼的）呸声或嘘声。] 来引起注意，但这种声音是从嘴而非屁股发出的。

另见词条：海鸟粪（Guano）

理　羽

　　理羽是鸟类用喙清洁和梳理羽毛的过程。从最广泛的意义上来说，理羽包括涂抹"尾脂腺"（这是一种存在于大多数鸟类尾基部的二裂片结构，鸟类可以用喙从那里获取油性分泌物）分泌的油脂。

　　在正常的活动过程中鸟的羽毛会变得肮脏、潮湿，因陈化的尾脂腺油脂而黏结，还会被体外寄生虫感染，单根羽毛的羽枝还会破碎、撕裂。所有这些都对鸟类的健康具有潜在的危害，而理羽作为一种定期的、频繁进行的本能行为，可以改善这些状况。

　　基本的理羽动作是抓住一根羽毛的根部，沿着它的长度"啃"到末端，或者用喙不太细致地沿着羽毛梳理，这样可以使分离的羽枝重新结合，同时去除水分和污垢。鸟类有时还会同时涂抹尾脂腺油脂。在理羽的过程中鸟类经常会遇到体外寄生虫，它们通常会抓住并吃掉这些寄生虫。理羽过程会涉及羽毛的所有部分，需要鸟类摆出各种歪七扭八的逗趣姿势。游泳的鸟浮在水面上梳理羽毛时，会做一种叫作"滚动理羽"的动作：一边漂浮一边翻身，一条腿悬在空中，用喙梳理腹部，看起来非常享受。鸟类无法用喙清理头部，一般通过用爪（趾甲）抓挠、用翅膀摩擦，或在另一只鸟的帮助下（"异体理羽"）打理头部的羽毛。

鸟类经常会进行长时间的理羽，这期间除非受到干扰，不然它们会将全部羽毛都进行精心地打理，实际上就是一根羽毛一根羽毛地养护。一次完整的理羽操作通常是在如水浴、尘浴、日光浴或蚁浴这样的羽毛护理活动之后进行。

另见词条：羽毛（Plumage）

Prothonotary

法院首席书记官

法院首席书记官指英国法院系统和美国一些州法院的首席书记官或公证人。英国法院首席书记官的正式袍服包括橘黄色的斗篷，因此为蓝翅黄森莺明亮的金色头部和胸部羽毛提供了一个恰当的比喻。"prothonotary"的发音取决于用法：指书记官的头衔时读作"PROH-thuh-NO-tuh-ree"，在蓝翅黄森莺的名字中则读作"pruh-THON -uh-tary"。

据说，美国第三十三任总统哈里·杜鲁门（Harry Truman）听到这个头衔时曾惊呼："法院的首席书记官到底是什么玩意儿？"不过，后来他称这是美国最令人印象深刻的官衔。

雷 达

如今，第二次世界大战时期发展起来的雷达技术日益变得强大和精密，大大增进了我们对鸟类夜间迁徙细节的了解，这些信息在过去无法探测。

从本质上讲，雷达就是向空中发射高频无线电波，这些无线电波会从它们碰到的任何物体表面反射回来。返回的图像由大型（例如直径71厘米的）抛物面天线收集，再投射到观察屏上。

当然，研发雷达最终是为了在远距离和夜间条件下探测敌机，但即使是最早期型号的雷达也能探测到一种意想不到的"回波"。雷达技术人员一开始称它们为"天使"，最终这些回波被证实是迁徙的候鸟。

鸟类学家利用雷达系统来探测高空夜间迁徙的鸟类，从而首次观察到并且统计出了迁徙的候鸟数量（远多于以前的估算），探测出了候鸟迁徙具体的方向和路线（往往比想象的更为多样），并获取了关于时间、速度、高度及天气模式相关性的准确数据。我们甚至可以利用雷达上特征性的"回波信号"来识别具体物种。结合白天在地面对候鸟的观察和雷达信息，就可以密切监测候鸟的迁徙活动。

　　由于迁徙所涉及的范围很大，并且不断出现意想不到的变化，运用雷达进行候鸟研究的历史值得一读，例如西德尼·高瑟罗（Sydney Gauthreaux）对跨越墨西哥湾候鸟的长期开拓性研究。任何人只要有机会在鸟类大规模迁徙的夜晚看到雷达屏幕上布满的小鸟发光的"影子"，都会体验到现代技术所创造的一个伟大而良性（指对环境和生态没有负面影响）的奇迹。我们现在甚至可以在线观看上述画面了。

另见词条：迁徙（Migration）

Ratites

平胸鸟类

　　平胸鸟类指胸骨中央没有龙骨突，不具备飞行能力的鸟类，现存物种包括鸵鸟、美洲鸵、鸸鹋、鹤鸵和几维鸟。它们曾经都被归为平胸鸟科（Ratidae）。根据生物化学研究的最新进展，平胸鸟科中体形较大的物种现

平胸鸟科与人类体形比较

在已被分入古颚下纲（Paleognathidae，意思是"古老的颚"）4个不同的目，体形较小且与其他平胸鸟类差异很大的几维鸟则被证明跟马达加斯加已灭绝的巨型象鸟和其他象鸟种类亲缘关系最近。现代的平胸鸟类原产于非洲（鸵鸟）、澳大利亚和新几内亚岛（鸸鹋及鹤鸵）、南美洲（美洲鸵）和新西兰（特有的5种几维鸟）。亚洲、北美洲和中美洲并没有平胸鸟类分布。不过，当我们将系统发育的图景"缩放"至"进化支"一层时，就会注意到古颚下纲这一支不仅包括传统的平胸鸟类，还

也有观点认为现生的平胸鸟类都属于鸵鸟目（Struthioniformes），下辖5个科：鸵鸟科、美洲鸵鸟科、鸸鹋科、鹤鸵科和无翼科（几维鸟）。

包含鸸和已灭绝的新西兰巨型恐鸟。鸸是生活在美洲的陆生鸟类，有飞行能力，但通常是走动而不是飞。其余所有的现生鸟类——超过 10 000 种——都属于今颚下纲（Neognathae）或"新颚类"。

Roc (originally, Rukh)

阿拉伯大鹏

阿拉伯大鹏是阿拉伯传说中的一种巨鸟，据说能用利爪抓起大象。在西方世界，这种巨鸟最广为人知的形象出现在《一千零一夜》（*The Arabian Nights*）里辛巴达第二次和第五次航海历险的故事中。在神话谱系中，阿拉伯大鹏与其他巨鸟、巨兽［比如安卡（Anka，阿拉伯传说中的不死神鸟）、西摩格（Simurgh，又译"斯摩奇""鸾"，波斯传说中的巨鸟）和凤凰（古代传说中的百鸟之王）］有着千丝万缕的联系。

人们认为阿拉伯大鹏在印度洋的一个岛屿上筑巢，并最终认定阿拉伯大鹏就是马达加斯加的巨型象鸟。巨型象鸟虽然不具备飞行能力，但它是已知体重最大的鸟类，并

阿拉伯大鹏抓象

能产下容积高达 7.5 升的卵。相传，马达加斯加棕榈科酒椰属（*Raphia*）植物酒椰硕大无比的叶片就曾被人拿来冒充阿拉伯大鹏的羽毛呈给某个可汗。

另见词条：体形（体长、身高、体重和翼展）[Size (length, height, weight, and wingspan)]；巨鸟（Giant Birds）

英国皇家鸟类保护协会

在 19 世纪末的英国，为了将鸟类的羽毛用作帽子及其他女性时装的配饰，帽商和其他商业利益集团致使数百万野生鸟种惨遭捕杀。仅 1884 年的头几个月，就有约 76 万件富有"异国情调"的鸟类皮毛进口到英国，屠杀规模由此可见一斑。

与许多女性选择穿戴昂贵羽毛服饰形成鲜明对比的是，有些女性站出来成立了一些组织来制止杀戮。其中最著名的是艾米丽·威廉姆森（Emily Williamson）于 1889 年创立的"羽毛同盟"（The Plumage League），旨在反对毛皮服装业使用䴙䴘和三趾鸥的羽毛；以及由伊丽莎·菲利普斯（Eliza Philips）、埃塔·莱蒙（Etta Lemon）、凯瑟琳·霍尔（Catherine Hall）和汉娜·波兰德（Hannah Poland）等人于同年创立的"鸟、兽、鱼民间组织"（The Fur, Fin, and Feather Folk）。这些团体迅速吸引了大批追随者，并于 1891 年在伦敦联合成立了鸟类保护协会。该协会于 1901 年获颁皇家特许专业协会规章，后成为今天的英国皇家鸟类保护协会。

起初，协会的成员是清一色的女性——其中不乏多位社会地位很高的女性，她们在协会的领导层中一直发挥着重要的作用。例如，波特兰公爵夫人（Duchess of Portland）是协会的首任主席，在任时间也最长。鸟类保护协会最初的使命：会员应阻止对鸟类的肆意伤害，广泛关注鸟类保护，并且女性会员不得佩戴任何因非食用目的而遭捕杀的鸟类的羽毛（鸵鸟的除外）。

1906年，该协会成功向英国议会递交请愿书，要求通过法律禁止在服装中使用鸟类羽毛。

今天，英国皇家鸟类保护协会已成为欧洲最大的环保组织，不同年龄、性别、社会地位的会员人数已超过100万，其中有19.5万名青年会员。协会管理着英国的200个自然保护区，并专注于"鸟类保护行动"（Action for Birds），同时包括研究、教育和倡导项目。该协会还与国际鸟盟等伙伴开展合作，影响力已遍及全球。

美国鸟类保护组织也经历了惊人相似的发展历程。

另见词条：哈丽特·劳伦斯·海明威 [Hemenway, Harriet Lawrence (1858—1960)]

海岸观鸟

　　海岸观鸟是一种位置相对固定的观鸟方式，通常在海岸边某个地点进行观察，在特定的季节和天气条件下，这些位置预计会有大量海鸟经过，远超平常能够见到的规模（"湖岸观鸟"与此相似，但往往需要更加耐心）。跟海岸观鸟相比，观鸟活动中的另一分支"观猛"有一个不同之处，那就是观猛最好选春季或秋季某个晴朗的日子，择一处风景壮美的位置（如山顶或俯瞰河谷的悬崖）进行观察。与之相反，有所收获的"海岸观鸟日"天气很可能就极端恶劣了：狂风呼啸，雨夹雪直接朝你的脸和单筒望远镜袭来。在这种情况下，大海的确可能呈现出充满戏剧性的一面，但通常会因雨雾萦绕而不太显露出海面的波涛汹涌。恶劣的天气会让通常避开陆地的鸟种（例如海燕、贼鸥和瓣蹼鹬）进入观察者的视野；如果迁徙的候鸟正好遇上了向岸风，那么壮观的潜鸟、海鸭和海雀类迁徙群通常会出现在双筒望远镜的观察范围之内，并且当中往往还夹杂着稀有鸟类的身影。海岸观鸟中还有另一种常见的场景，那就是天气好得不得了，鸟儿却很少或者根本见不到——这需要观鸟者具备忍受恶劣天气之外的另一种耐力。

偏好海岸观鸟如同一个可靠的遗传标记，将观鸟者群体划成了泾渭分明的两部分。一边是那些享受冒着强风在海岸附近观察鸟类的"怪咖"（包括本书作者在内），他们透过起雾的目镜仔细观察影影绰绰飞过的鸟类，期待看到如长尾贼鸥或褐翅燕鸥这样特别的物种——再坚持一会儿，它们一定会出现的。对这些人来说，这种乐趣无与伦比（当然也有个别例外）。另一边则以比尔·奥迪为代表，他称海岸观鸟是"所有活动（包括板球在内）当中最乏味的一种"，并在一本著作中用了整整一章来痛斥这种活动及其参与者："自信的专家从远超人类正常视力范围处挑出两个小黑点，就给它们打上稀有的鹱或海燕的标签了。"

哪怕你生来就不喜欢海岸观鸟，也不妨体验一次，就当是为将来邂逅稀有鸟种"攒人品"吧。

当然，也有为了收集迁徙物种的数据而进行的"海岸观鸟"科学监测。

Sex

性

在人类看来，鸟类的性行为怪异而"潦草"。雄鸟站在雌鸟的背上，由雌鸟抬起尾巴，两者将肛门（即泄殖腔）翻转对准，精液就通过一种叫作"泄殖腔之吻"的方式传递。不难想见，要观察这一过程的内部细节是很困难

正在交配的疣鼻天鹅

的，但人们推测雄鸟的部分泄殖腔有可能是插入了雌鸟的输卵管中射精。少数鸟类（鸵鸟、几维鸟、大多数水禽、有些雉鸡类，以及至少1种雀形目鸟类）都已演化出某种形式的阴茎。雄性鸵鸟的"交接器"是红色的，长约20厘米。据说有9种硬尾鸭（如棕硬尾鸭和白头硬尾鸭）的阴茎长得"相当花哨"。不过，在大多数鸟类中，雄性的生殖器可以被描述为一团海绵状的勃起组织，以类似于翻转手套上手指的方式伸出或缩回。在一些鸟类中，雌性也长有原始的阴蒂。有观点认为，雄性雁鸭类的"交接器"是为了便于在水中交配时转移精子。

鸟类精液的颜色和黏稠度与人类的相似。不过，尽管鸟类每次射精的精液量比人类的少得多，但其精子浓度通常比人类的要高出数倍——鸟类每次射精可释放多达30亿枚精子，而人类的平均水平为3亿～5亿枚。

莎士比亚的鸟

至少有一位学者大费周章地证实莎士比亚这位"埃文

河畔的游吟诗人"在戏剧和十四行诗中提到过 600 多种鸟类，其中 60 多种可以辨识并确认到具体鸟种。但是，比起莎士比亚的"鸟种清单"，更令人印象深刻的是他对常见物种的习性，以及相关的民间传说和迷信观念具有广泛的了解，并在创作中巧妙地加以利用。他在人们广为熟悉的"春天""爱情"和"鸟鸣"主题上做了数十种变化与呈现方式，同时也让鸟类出现在预兆、笑话、角色类比、日常生活场景和展现大自然朴素智慧的例子中，以下 2 例便可说明这一点。

（与朱丽叶共度良宵之后，罗密欧趁还没人发现，起身离开她的房间）

朱丽叶　你现在就要去了吗？天亮还有一会儿呢。
　　　　那刺进你惊恐的耳膜中的，
　　　　不是云雀，是夜莺的声音；
　　　　它每天晚上在那边石榴树上歌唱。
　　　　相信我，爱人，那是夜莺的歌声。

罗密欧　那是报晓的云雀，不是夜莺。

瞧、爱人，不自美的晨曦已经在东方的云朵上
　镶起了金边，

夜晚的星光已经熄灭，欢乐的白昼踮足在了
　迷雾的山巅

我必须到别处去找寻生路，或者留在这儿束手
　等死。

（但朱丽叶说服他留下，之后意识到危险）

朱丽叶　天已经亮了，天已经亮了

　　　　快去吧，快去吧！

　　　　鸟唱得这样刺耳，唱着粗涩的噪声和讨厌的锐
　　　　音的，

　　　　正是天际的云雀

　　　　有人说云雀会发出千变万化的甜蜜的歌声，

　　　　这句话一点不对，因为它只使我们彼此分离；

　　　　有人说云雀曾经和丑恶的蟾蜍交换眼晴，

　　　　呀！我但愿它们也交换了声音！

　　　　——《罗密欧与朱丽叶》，第三幕第五场（朱生
　　　豪译本）

卡修斯在腓利比平原等待奥克泰维斯·凯撒（Octavius Caesar，即屋大维）与马克·安东尼（Marc Antony）两军决战时，向朋友梅萨拉讲了鸟类显露的征兆：

卡修斯　你知道我一向很信仰伊璧鸠鲁的见解；

现在我的思想却改变了，

有些相信起预兆来了。

我们从萨狄斯开拔前来的时候，

有两头雄鹰从空中飞下，

栖止在我们从前那个旗手的肩上；

啄食士兵们手里的食物，

一路上跟我们作伴，一直到这儿腓利比。

今天早晨它们却飞去不见了，

代替着它们的，只有一群乌鸦鸱鸟，

在我们的头顶盘旋，

好像把我们当作垂毙的猎物一般；

它们的黑影像是一顶不祥的华盖，

摭覆着我们末日在迩的军队。

——《裘利斯·凯撒》，第五幕第一场（朱生豪译本）

·304·

另见词条：鸟占术（Ornithomancy）；诗歌（Poetry）

Size (length, height, weight, and wingspan)
体形（体长、身高、体重和翼展）

地球上已知存在过的最大鸟类。 新西兰的巨型恐鸟是鸵鸟的近亲，没有翅膀，脖子伸长时身高约 4 米，体重可超过 226.8 千克，是已知最高的鸟类。不过，马达加斯加的巨型象鸟虽然只有 2.7 ~ 3.0 米高，却是已知最重的鸟类，体重超过 430.9 千克。

现存最大的鸟类。 非洲鸵鸟（*Struthio camellus*）中有一些高 2.4 ~ 2.7 米，体重至少 156.5 千克（新近才视为独立物种的索马里鸵鸟体形可能与此相似）。它们现存的亲缘物种（鹤鸵、鸸鹋和美洲鸵鸟）也绝对称不上娇小玲珑。

地球上已知存在过的最大飞禽。 最近发现的史前鹫类亲缘物种化石表明，这项殊荣属于阿根廷异鹫（也称阿根廷巨鹫）。异鹫（terathorn）的意思是"怪物般的鸟类"。它生活在 600 万至 800 万年前中新世晚期的南美洲。据估计，它的体重约为73千克，但翼展为6.1～7.9米。与阿根廷巨鹰争夺翼展记录的对手是最近发现的另一种异鹫——桑氏伪齿鸟（*Pelagornis sandersi*）。桑氏伪齿鸟大约生活在2500万年前的渐新世，据估计，它的翼展为6.1～7.3米。它的化石是在建造南卡罗来纳州查尔斯顿国际机场时被挖掘出土的。

现存体形最大的飞禽。它们是鸨、鹈鹕、天鹅和神鹫。欧洲的大鸨体重至少有20千克，疣鼻天鹅和黑嘴天鹅的体重与此相当或更重——不过，号称重达22.5千克的疣鼻天鹅还能不能飞得起来已经受到权威人士的质疑。

现存翼展最大的鸟类。非洲秃鹳（Marabou Stork）可能保持着最大翼展的绝对记录，测量到的最大翼展达3.6米，不过这个物种通常的翼展约2.7米。漂泊信天翁和皇家信天翁的平均翼展都超过了3米（漂泊信天翁的平均翼展经确认为3.45米），某些个体的翼展甚至可能达到4米。

现存体形最小的鸟类。这当属吸蜜蜂鸟。它是古巴和

一般认为现生具备飞行能力的最重的鸟是非洲的灰颈鹭鸨（*Ardeotis kori*），成年雄鸟的体重能超过19千克。作者例举"欧洲的大鸨体重至少有20千克"并无确切出处，并且疣鼻天鹅和黑嘴天鹅的体重很少有超过12千克的，对作者所谓的"与此相当或更重"也应当存疑。

吸蜜蜂鸟（左）与鸵鸟

松岛的特有物种，雄性从喙尖到尾端的体长约 5.7 厘米，体重仅约 3 克。

另见词条：巨鸟（Giant Birds）

Smell

嗅　觉

渔民和观鸟者很早就知道，选择适宜的季节和有利的位置后抛洒鳕鱼肝或类似诱饵，可以迅速吸引远在地平线之外的海鸟成群而来。他们认为，这是因为鸟儿嗅到诱人的气味，被吸引来了。然而，著名鸟类学家约翰·詹姆斯·奥杜邦曾经绘声绘色地说，与他藏在附近的"气味浓烈"的真正腐肉相比，红头美洲鹫会觉得他手下一只被开膛剖肚的羊更有吸引力。

随着鸟类的嗅觉逐渐成为一个科研课题，鸟类学家最初往往将鸟类探测气味的能力与其嗅觉器官（嗅球）相对前脑的大小比例联系在一起。他们提出了一种还算合理的假设：嗅球大的鸟类——特别是几维鸟、鹱鹩、管鼻目海鸟、新大陆鹫类、秧鸡和夜鹰——具有出色的嗅闻能力；嗅球微小的鸟类，例如鸣禽，则几乎没有或根本没有这种嗅闻能力。然而，20世纪80年代，人们通过一系列实验测试了多种鸟类对强烈气味的神经反应，以及它们在嗅觉器官受到故意损伤或得到丰富的气味线索时寻找食物或筑巢点的能力。这些实验彻底改变了人们的设想。例如，我们现在知道：

——鸟类的嗅觉器官与爬行动物和哺乳动物的嗅觉器官处于同一水平，一些鸟类在某些嗅觉测试中表现得比其他动物更好。例如，海燕可以嗅到25千米外磷虾散发的气味。

——认为嗅球与嗅觉有密切关系的观点并非完全错误，只是不够充分，依据此种假设被认为"鼻子很灵"的鸟类（见上文）确实具有良好的嗅觉。然而，反之并不成立。现在人们已认识到，嗅球看似较弱的小型鸟类常常将嗅觉用作"侦测装置"。

——已被证明具有良好嗅觉的鸟类，根据其习性和需求可分为几类：必须在广阔区域内寻找不易被看到的食物的鸟类（海鸟、新大陆鹫类），必须在黑暗或茂密的栖息地内寻找食物或筑巢点的鸟类（几维鸟、管鼻目鸟类、秧鸡、夜鹰），以及需要通过嗅觉才能满足特殊需求的物种（吃蜂蜡的响蜜䴕）。

——至少某些种类的雄鸭在繁殖季节会被雌鸭散发的气味所吸引。

——有时，嗅觉对寻找筑巢点至关重要，例如海燕必须在夜晚茂密的森林中找到巢穴。至少在某些陆生鸟类（例如家鸽）当中，嗅觉引导归巢的作用可能比我们想象的更重要。

——鸟类能区分出植物和动物的气味，并运用这种能力选择合适的食物和筑巢材料。

海燕根据气味找到巢穴的准确位置

——虽然人们仍然一致认为，对大多数鸟类的生存而言，视觉和听觉比嗅觉更为重要，但有一点现在已经很明确了：对某些鸟类群体而言，精确地侦测气味是至关重要的。

总体而言，鸟类的嗅觉比我们想象的要强得多。

另见词条：气味（Odor）

翱　翔

　　鸟类的翱翔可以定义为在空中移动而不拍打翅膀的能力，有 2 种基本类型。

　　热气流翱翔依赖热空气上升形成的气流柱，这类气流柱经由地表不规律的对流热交换产生。当热气流上升时，越往上则越膨大，最终消散在周围的冷空气之中（想象一个气泡从装有沸水的玻璃容器底部冒上来的画面）。在上升的气泡中有一圈旋转的热空气，而在气流柱的中心热空气不断上升，从而形成持续的上升气流。某些鸟类可以找准这些气流，搭着上升空气的"便车"到达所需高度，然后向其需要前进的方向飘移。它们在失去高度的过程中会寻找新的热气流，以便继续翱翔。这就解释了鹰为什么会"在天空中懒洋洋地盘旋"。惯于利用热气流的鸟类通常有着宽阔的两翼和短而宽的尾，这使它们能够"抓住"最大的升力。利用热气流翱翔的鸟类包括许多猛禽，以及鹈鹕、鹳和鹳等，不过像鸥和雨燕这类翅膀很窄的鸟类也会采用这种办法，以免在觅食或迁徙这种长途飞行时耗费太多能量。

动态翱翔则利用吹过海面的风会因波浪的阻力而减速，并随着距离海面的高度增加而风速逐渐加快的现象。像信天翁这样体重较大、翅膀又长又窄的鸟类，可以在"最快"的气流中获得很高的速度，然后迎风俯冲；当它们进入海面附近较慢的气流时，则会利用俯冲时积累的动力再次向上飞，同时转向顺风，借助风力将它们推上高处——无须振翅，它们就能自由翱翔了。

另见词条：鹰柱（Kettle）

Soft Parts

柔软部分

柔软部分指鸟类身体裸露的、没有被羽毛覆盖的部位，包括喙、腿和脚、肉质的眼眶、面部皮肤、冠、肉垂和虹膜。在某些鸟类物种中，柔软部分可以迅速改变颜色，在繁殖季节会变得更浓烈、更鲜艳，而在一年中的其余时间则褪淡为更加柔和的颜色。无论在哪个季节，鸟类的柔软部分在其死亡后都会褪色，因此博物馆的标本标签上必须注明原有颜色。"柔软部分"这个名字并不是很恰当，因为除了骨骼、喙和爪之外，许多"柔软部分"实际上是鸟身体上最坚硬的部分。"柔软部分"的颜色有时是区分相似物种的关键辨识特征。

鸣　唱

就人类的感官而言，鸟类的鸣唱主要带来了美的享受，是我们对"大自然"总体概念的重要组成部分。它甚至可能让我们意识到（虽然不是百试百灵）我们也可以模仿鸟鸣而歌唱。

当然，从鸟类的角度来看，它们发出的声音具有完全不同的意义。鸣唱是一种实用的交流和表达方式，对大多数鸟类物种来说，鸣唱与颜色、图案和身体语言等视觉信号一样，是生存的必要手段。

因此，鸟类的鸣唱至今已经高度演化，这点就不足为奇了。尽管声音在许多昆虫、两栖动物和哺乳动物的生活中都发挥着重要作用，但就其微妙和复杂程度而言，只有人类的语言和某些鲸类发出的声音超过了鸟类的鸣唱。

以下从 6 个方面介绍鸟类的鸣唱：

鸣禽。在科学分类中，鸣禽属于分布于全球的一个种类众多的雀形目中的亚目。这种分类学上的区分是基于声带解剖结构的相对复杂性而定（见下文），并非衡量声音技巧或发声精湛程度的可靠指标。虽然在我们看来，最优秀的"歌手"中的确有不少属于鸣禽（比如鸫类），但乌鸦和松鸦这样"直来直去的大嗓门"也属于鸣禽。相反，在鸸鹋类、鹀类和夜鹰等类群里面，也有一些技巧高超的"演唱家"，但它们并不属于"正式"的鸣禽。

鸟类是如何鸣唱的。无论"歌手们"被如何分门别类，几乎所有的鸟叫声都是从一种叫作"鸣管"的器官发出的，这个器官是鸟类独有的。人类的声音是由喉（又叫"喉头"）发出的，喉是气管上部经演化而来的部分，喉室中包含声带。鸟类的气管上部也叫"喉"，但是没有声带，不能发出声音。对大多数鸟类而言，鸣管位于气管和支气管的交界处。

鸣管上附有多对肌肉，它们控制着发声的质量。鸣禽有多达 9 对鸣肌，其他大多数鸟类则只有一两对。在鸣管内部，有弹性的薄膜（称为"内鸣膜"和"外鸣膜"）可以通过气压与鸣肌的作用拉紧及放松。支气管的气道也能操控鸣膜，从而调节气流量。当空气从肺部通过喉管时，鸣膜振动，发出声音，听起来就像我们用大拇指夹住一根草叶吹气时草叶发出的嗖嗖声。声音可以通过以下方式调节：①收紧或放松鸣膜（升高或降低音高）；②使鸣膜快速或缓慢振动（调节音质、音色）；③改变气流通过的方向（使声音变大或变小）；④启动和停止空气的流动（调整节奏）。与人类的语言不同，鸟类的鸣唱几乎不会因为鼻腔、口腔或喉腔的共鸣而发生太大变化，很多鸟类能在嘴里塞满东西的时候或喙部紧闭的情况下发出百转千回的饱满"歌声"就更加证明了这一点。

鸟类发声中最显著的特点或许是，它们能够同时或分别通过2根支气管来鸣唱。这种"双声道"主要用于大多数鸣唱的和声，也可以同时产生2个不同的旋律，并让新大陆鸫等一些鸟类的歌声听起来格外空灵、脱俗。

鸟儿为什么鸣唱。从前，问这样的问题看起来还毫无意义。但自从达尔文提出这个疑问后，求知好问的人们开始意识到，既然如此众多的成功物种中都存在这一显著的特征，那么它必然意味着某种重大的"繁殖优势"，因为华丽婉转的歌声似乎在配偶选择和雄性之间的竞争中都起着重要作用。既然制造声响的劣势显而易见——毕竟，有什么比在显眼的栖木上一遍又一遍地唱一首长歌更能引起捕食者的注意呢——那么，"嗓门大"必定会给鸟类带来更大的好处。

以下介绍 3 种鸣唱类型：

领域鸣声。在我们听到的鸟鸣中，大部分都是雄鸟在其领地上向潜在的异性伴侣和同性"情敌"宣示其存在。领地相邻的雄鸟会通过"歌唱比赛"来确定双方之间无形的边界线。它们可能会通过增加具有攻击性的"歌唱主题"来升级他们的"劲歌大战"，但除了偶尔追逐，它们通常都是"动口不动手"，不会发生肢体冲突。当没有固定领地或配偶的雄鸟擅闯其他鸟类占据的领地时，也会当即受到鸣声警告。领域鸣声通常会持续整个繁殖周期，并似乎可在交配后巩固配对雌鸟和雄鸟的关系。

情感释放鸣声。通常来说，情感释放鸣声在乐句上与领域鸣声极为不同，似乎代表了一种纯粹的能量的释放，就像雪莱笔下的云雀那样。人们已经记录到雀形目的许多物种会发出这类鸣声，并可能伴随着"狂喜飞行"（注意：不要与许多开阔地区物种特有的领域鸣声飞行混淆）。

在一些物种中（如某些霸鹟），这种情感释放鸣声可能在黄昏时出现，但也可能于夜晚迁徙途中或在越冬地出现。情感释放鸣声通常包含许多即兴元素，人们尚不清楚这类鸣声的功能。但是，就连头脑冷静、出于职业素养而尽力避免拟人观的科学家也承认这种鸣声富有表现力，甚至认为它包含了某种艺术创造的萌芽。

雌鸟的鸣声。总体而言，完整的（即领域型）鸣声在雌性鸟类中并不多见。人们甚至已经证明，性激素和发声机制（鸣管）的发育之间存在一定的关系。雌鸟鸣唱的频率往往比同类雄鸟低得多，并且它们只在特定的情况下才会鸣唱。然而，野外实地调研已经清楚地表明，雌鸟鸣唱绝非罕见，在各科鸟类中都能见到某种形式的雌鸟鸣唱。在一些鸟类（例如鸫和主红雀）当中，雌鸟鸣唱的复杂程度和强度与其配偶可谓不相上下。

鸣唱频率。北美红眼莺雀的鸣唱是短促的哨音，似乎一整天都不停歇，创下了单位时间内"唱歌"最多的记录：10 小时唱了 22 197 段。由于它喋喋不休，它也被一些人类"听众"戏称为"传教士鸟"。经耐心收集才得到的其他统计数据则表明，雀形目鸟类的正常鸣唱量为每天 1000 ~ 2500 段。

音量。在某些情况下，鸟类唱得格外柔和，这可能只是对领域鸣声的小声演绎（sotto voce，所谓的轻声低吟），也可能是完全不同的鸣声。这些"变奏曲"通常被归为"亚鸣啭"（subsongs）或"次要歌声"（secondary songs），通常比普通鸣声更长、音调更低、音量更小。鸟类有时会在恶劣天气或白天最炎热的时间这样鸣唱。

而在声频谱的另一端，巴西的研究人员在 2019 年 10 月出版的《当代生物学》（*Current Biology*）上发表文章称，原生活在亚马孙盆地的雄性白钟伞鸟（*Procnias albus*）打破了有史以来最响亮的鸣声记录，其鸣声最大时平均高达 125 分贝，超过了与其亲缘关系密切的另一南美物种——尖声伞鸟（screaming piha，学名 *Lipaugis albus*），后者的"歌声"最大音量只有 116 分贝。为便于理解，此处需要做一些说明。在技术上，110 ~ 125 分贝被定义为"极大的声音"，比如飞机在近处起飞时的噪声，在这一分贝范围内，人们不太容易听到其他声音。音量达到 125 分贝时，技术上将其称为"造成疼痛的"声音。关于鸟鸣音量，一个合乎逻辑、不言而喻的道理便是，生活在密集栖息地的鸟类嗓门最响亮。而白钟伞鸟是在面向开阔处的栖木上鸣唱的，最理想的情况是正对着潜在的配偶大展歌喉（雌鸟可真是可怜），它的"破锣嗓子"与嗡嗡作响的锣声

一对白钟伞鸟

颇有些相似之处。

叫声和其他声音。 鸟类的叫声通常都很短，适于在日常生活中发挥传递即时信息的功能。不同鸟类的叫声丰富程度相差极大。所有鸟类都能够发出叫声，哪怕有些只是在最紧迫的压力下发出的嘶嘶声或咕噜声。

许多鸟类（如鹛鹛和苍鹭）发不出上述定义的真正的鸣唱，但能发出相当多样的叫声，特别是在求偶场上。不过，就许多鸟类物种来说，我们还不能界定它们发出的每种声音的确切含义。雀形目鸟类最善于表达（见上文），研究者已记录到几种雀形目鸟类 20 多种不同的叫声。

叫声最常见的功能包括防御、警告、表达痛苦、乞求（多见于雏鸟和幼鸟）、群体聚集（比如在迁徙中）、辨别食物来源或捕食者、召集（如见于离巢游荡的雏鸟的亲鸟）和安慰等。某些叫声可能只有特定年龄、性别或物种的鸟类才能发出来，其他叫声则可能在许多不同的物种当中都有使用并可被识别出来。

很多鸟类还会使用非喉部发声来传达各种信息。麻鳽、多种松鸡和一些鹬类可以将空气挤入或排出它们可充气的食管，制造出自然放大的独特的响亮叫声，大大延长了这些"诡异之声"的传播距离。在鸟类（比如信天翁）用喙相互啄击或敲打时，喙也能成为打击乐器。正如丘鹬所展示的，空气穿过特化的羽毛簇时发出的声音也别有含义，多种多样，令人惊叹。

另见词条：炫耀（Display）；二重唱（Duetting）；围攻（Mobbing）；效鸣（Vocal Mimicry）

速　度

　　正常飞行时，大多数鸟类的飞行速度在 32.2 ~ 80.5 千米 / 时，但通常能飞得更快，比如被捕食者追逐时。据可靠记录，赛鸽和红胸秋沙鸭的飞行速度可达 128.7 千米 / 时。毫无疑问，其他多种鸟类也能达到这样的速度。有报道称，最快的鸟类飞行速度可达到或超过 321.9 千米 / 时，但科学程序中从未记录到这样的速度。许多速度记录都来自飞机驾驶员：他们在鸟类经过飞机时，查看了飞机的速度读数。例如，人们在飞机上曾记录到黑腹滨鹬“不低于约 177 千米 / 时”的飞行速度。

　　以下是一些宣称或已经被证实的速度记录：

　　全世界（扑翔）速度最快的鸟。 这项记录的保持者可能是白喉针尾雨燕（*Hirundapus caudacutus*），据可靠记录，这种亚洲雨燕的速度达到了 171 千米 / 时。据称，该物种的速度（地面速度）甚至曾达到 353.3 千米 / 时，但记录下这项数据的统计方法受到了质疑。北美的白喉雨燕可能也保持着类似的速度记录，据“估计”，其时速可达 321.9 千米 / 时。它们被称为“swifts”不是没有理由的（“swift”

兼具"雨燕"和"迅捷"之意）。

　　关于飞行速度快的鸟类，流传很久的迷思之一便是，世界记录由游隼保持，它通过折叠翅膀、从高处俯冲或猛冲（stoop）来抓捕猎物。长期以来，不少飞行员都认为在这种（非扑翔）"飞行"中，游隼的速度至少可达 281.6 千米／时，甚至可能超过 321.9 千米／时。然而，研究人员最近在该物种身上安装了小型空速计，发现根本无法证实游隼的疾降速度超过 132 千米／时。

　　奔跑速度最快的鸟。非洲鸵鸟保持着这项世界记

白喉雨燕与游隼

录，其速度至少达到了 70.8 千米 / 时，并且有可能为 80.5 ~ 96.6 千米 / 时。据说，环颈雉的速度可达 33.8 千米 / 时，走鹃和野火鸡的速度也达到 24.1 千米 / 时。

速度最快的游禽。据测定，巴布亚企鹅在水下的速度可达 35.9 千米 / 时。

Sunning

日光浴

人们注意到，许多鸟类物种有时会亮出"奇特"的姿势，展开并抖散羽毛，将羽毛暴露在太阳的光和热下。尽管凉爽的日子里偶尔也能观察到这种行为，但大部分亲眼见到的人都称，当一只鸟经历温度（和照明？）的骤然升高（增加？）时，就会亮出日光浴姿势。

日光浴姿势因鸟的种类而异，显然也因日光照射的强度而异。雀形目鸟类的一种典型日光浴姿势：蹲下，身体与地面垂直或背对太阳，翅膀下垂或展开，尾巴散开呈扇形，身体羽毛（尤其是头部和尾部的羽毛）竖起（也就是蓬起来）。在这个姿势下，鸟的头部、颈部、背部、尾部及翅膀的上表面都能受到阳光直射。某些品种的燕子、鸽子等鸟类还会使用另一种姿势：侧身翻滚，抬起一侧翅膀，将翅膀的下表面暴露在日光下。许多水鸟的日光浴就是背对着太阳站着，也许将翅膀垂下来或者伸长脖子。在阳光最灼热时，日光浴的鸟类经常张开嘴巴喘气。就像水浴和尘浴一样，鸟类也有它们最喜欢的"阳光浴场"，也会定期到这些地方晒太阳。

日光浴时，鸟类似乎经常会进入一种迷离状态，这让人们得以近距离（比日常情况下近得多）观察它们。日光浴时鸟类奇异的姿态和行为，很容易让人类观察者以为晒太阳的鸟儿受伤了或者中暑了。

截至目前，解释鸟类日光浴行为的理论主要有以下6个：①鸟类暴露在光和热下，会刺激它们身上的体外寄生虫（如鸟虱）活动，这也许能将体外寄生虫驱离到鸟类很难触及的部位，或者将它们驱赶到鸟类用喙部最容易衔住的部位；②日光中的紫外线会让尾脂腺油脂中的维生素 D 释放出来，鸟类在日光浴后通常会理羽，理羽过程中维生素 D 被再次吸收；③日光照射使羽毛中的水分和油脂蒸发（尘浴原理可能也是这样），让羽毛变得干燥和蓬松，从而保持良好的保温性能；④鸟类也许可通过皮肤直接吸收太阳辐射来增加能量储备；⑤晒太阳很舒服，特别是换羽引起皮肤刺激的时候；⑥日光浴可能是同时达到上述 5 种目的的最佳选择。

另见词条：体温调节（Air Conditioning）；蚁浴（Anting）；尘浴[Dusting (Dust-bathing)]；理羽（Preening）

Swan Song

天鹅挽歌

自古以来，关于一些天鹅物种临死时独特"歌声"的性质，以及这种声音是否真的存在，人们一直争论不休。柏拉图并不怀疑天鹅在生命的最后时刻会唱一首挽歌，但他认为这只是它们快乐、爱好音乐的本性的最后展现——现今，观察天鹅的人几乎都不认同这种看法。还有评论家认为，天鹅挽歌就像宙斯化作天鹅引诱勒达一样，只存在于神话之中。

毫无疑问，天鹅能发出各种各样的声音。最突出的是"号角声"或"小号声"，这可能要归功于它们格外长而卷曲的气管。天鹅也能发出轻柔的"对话般"的声音，特别是小天鹅，它们的鸣声如音乐般悦耳动听。一对小天鹅配偶会进行长时间的"二重唱"，雌鸟和雄鸟分别完成不同的"唱段"。让·西奥多·德拉库尔（Jean Théodore Delacour）认为，所谓天鹅挽歌就是被射杀的天鹅坠落到地面时气管排出空气发出的声音。这种说法真是毫无诗意可言。不过，一些权威的文章称，小天鹅有时会在濒死的痛苦中发出漫长、悠扬但很少能听到的叫声，但它们并不是只在临死时才会发出这种叫声。水禽专家 A. H. 霍克鲍姆（A. H. Hochbaum）这样描述他所谓的"离开之歌"：在起飞前发出的一连串柔和、美妙的音符。这种说法与19 世纪博物学家 D. G. 艾略特（D. G. Elliot）的记载相吻合。艾略特从北卡罗来纳州的天空中射落了一只小天鹅，并记录下它曾唱出类似的"歌声"。

在日常用语中，"天鹅挽歌"意为"绝唱""最后作品"，是对在世时最后一次行为或活动的隐喻，通常指创作行为，例如诗人的最后一首十四行诗或演员扮演的最后一个角色。宽容的人甚至会用它来形容政治家的最后一次演讲。

温 驯

与其他"野生"动物一样，鸟类通常对与人类近距离接触保持谨慎，不过，某些鸟类物种或个体对我们的陪伴表现出不同程度的容忍，文献中也经常能见到鸟类异常温顺、与人类亲近的案例。很多情况下，鸟类有时会姑且放松警惕，这显然不是因为它们渴望与人亲密接触，而是因为人类无意（如处理鱼类时产生的内脏、鱼骨）或有意地（如鸟舍）为它们提供了食物和庇护所。然而，在其他很多情况下，鸟类既表现出恐惧又表现出温顺，这种现象不能解释为习得行为，背后似乎存在某种遗传学基础。"温驯"这个题目已经囊括了很多现象，但到目前为止，人们几乎没有尝试将其中一种现象与另一种现象联系起来，如此看来，最好的办法就是直接在这里举出一些惊人的事实：

——当获得以食物或筑巢场所的形式出现的补偿时，对人类保持警惕的鸟类往往会克服看似与生俱来的恐惧感。这类例子不胜枚举：海鸥上渔船；海鸥、乌鸦跟在犁地者身后；家燕、霸鹟、雀类、旅鸫、鹟鹩等鸟类在人们进进出出的门口或门廊内筑巢；灰噪鸦抢掠露营者的口粮，甚至直接从他们手中夺食；当然，很多鸟类也热衷于商店出售的种子类食品和其他"鸟食"。

——某些鸟类似乎"生来"就比其他鸟类更温顺，在驯养方面不需要训练或与人类一起摸索、实践。很多海鸟、松鸡、鸮、滨鸟、鸦科鸟类、山雀、戴菊、太平鸟，以及"冬雀"似乎不会将人类视为威胁，而它们信任的对象则认为它们有的"友好"、有的"大胆"、有的"傻乎乎"。

——上述群体中，许多鸟类物种或个体在世界各地的偏远地区繁殖，因此可以认为它们与人类的接触是非常有限的。加拉帕戈斯群岛等偏远海岛上的鸟类（及其他动物）格外大胆。松鸡、鸮、松鸦、太平鸟和雀类是出了名的温顺，它们主要在遥远的北方森林里繁殖，许多滨鸟则在荒无人烟的广袤冻原荒野上筑巢。

——在同一鸟类物种内部或类似物种之间，鸟儿的温顺程度有诸多明显的地域差异难以解释。与美国的鸟类相比，英国许多林地鸟类（比如啄木鸟）避人唯恐不及，这一点总是让美国的观鸟者感到惊讶——毕竟，近年来雀形目鸟类在美国遭受的迫害甚至比在英国还严重。英国林地鸟类也比欧亚大陆其他地区的鸟类更怕人，哪怕欧亚大陆的一些地方仍保留着捕食雀形目鸟类的古老传统。

——同一鸟类物种的不同个体之间，警惕性也各有高低。并不是所有的蜡嘴雀都容许人们近距离接触；在森林地区繁殖的美洲鸫比生长在城郊的同类更胆小。

——人们现已证明，动物往往与生俱来就会对大小、形状和运动方式与其天敌相似的物体产生负面反应。在基因层面上，有些物种可能"生来"就会以这种方式对人类做出反应，而其他物种的恐惧也许是后天学来的。有意思的是，在这方面，很多鸟类对步行者保持高度警惕，可一旦人们乘坐汽车或骑马接近它们，它们就不那么"害羞"了。

——在适当的限度之内，有些鸟类个体"享受"与人类为伴，似乎不仅仅是因为它们可以从中获得实际利益（食物）。大量记录表明，被圈养的鸟类（比如鹦鹉）经人抚摸过后，最终会靠近捕获它们的人，并"乞求"抚摸。这种现象可能与某些高度群居的鸟类渴望被其他鸟理羽、为其他鸟理羽有关。

——关于待在巢中、允许人触摸的鸟，或攻击入侵其繁殖领地的人类的鸟，对它们的"温驯"最贴切的解释是防御行为。这是鸟类对人类的存在做出的一种反应，它与此处讨论的其他反应都截然不同。

——孵化后即对人类产生"印痕"的鸟类，它们的"温驯"也应被视为另一种不同的现象，因为这是不正常的。

另见词条：智力（Intelligence）

Taste (Sense of in birds)

鸟类的味觉

人类的味觉是一种复杂的生理感觉，由 5 种基本味觉——咸、酸、苦、甜、鲜构成。这 5 种感觉根据不同强度混合，并与我们通过嗅觉接收的更广泛的感觉混合在一起形成味觉。所有脊椎动物的主要味觉感受器都是由味觉细胞组成的味蕾，聚集在味蕾周围的神经纤维向大脑传递信号，或接收大脑发出的信号。人类的味蕾主要分布在舌头上——我们用肉眼就能观察到——以及咽壁上。

鸟类的味觉在结构上要简单得多，平均只有 30 ~ 70 个小得看不见的味蕾（人类约有 9000 个味蕾），主要位于上喉部和上颚较软的部位，通常只有少数分布于相对较软的舌背；一些鸟类物种的喙边缘也发现了味蕾。鹦鹉大大的肉质舌头的一个特殊之处就在于，上面有大约 400 个味蕾。

我们还没有彻底搞清楚人类味觉的生理机制，对鸟类味觉更是鲜少研究。就人类而言，传递味觉感受的神经纤维对咸、苦、酸、甜和鲜的反应不同，每个神经纤维只能感知到一两种（且对甜味刺激没有直接反应）；而在不同个体当中，味觉敏锐度和偏好也大不相同。这些发现无疑在对鸟类进行味觉测试时发挥了作用。有些鸟对苦味或甜味几乎没有反应，而少量的酸味轻易就能尝出来，加了盐的食物或水似乎比"原味"的更受欢迎。大多数鸟类的味觉似乎都比较有限，并且在它们正常的进食过程中，食物只是匆匆经过口腔和上喉（这与人类形成鲜明对比），因此我们可以合理地推测，与人类相比，味觉带给鸟类的微妙满足感相对较少。然而，在鉴别食物是否适口、能否下咽方面，味觉或许发挥了重要作用。在墨西哥高原中部帝王蝶越冬地觅食的鸟类，似乎学会了对蝴蝶翅膀进行快速"味觉测试"，以便检测这些昆虫是否含有具毒性的强心苷。不过，这种鉴别方法的效力显然相当有限。打个比方，至今也没有人发现一种无害的物质能让成群的乌鸫觉得谷物难吃。

另见词条：（鸟、卵、巢的）可食用性（Edibility (of birds, eggs, nests)）；嗅觉（Smell）

Torpidity
蛰伏

蛰伏指鸟类的身体机能减缓或减少反应，这是它们应对寒冷或压力的方式，也是保存能量的一种手段。

根据已有报告，在 3 个亲缘关系密切的科——蜂鸟科、雨燕科、夜鹰科的物种（还有一例燕子）中都观察到了蛰伏状态。在所有案例中，蛰伏的鸟类体温都大幅降低，呼吸和心跳变得极微弱，人们可以轻而易举地拿起它们，它们并不会转醒。

大多数蜂鸟体形较小且活跃时新陈代谢极快，所以它们在不进食的情况下几乎无法挺过一夜。为了减少能量需求，一些种类的蜂鸟每晚都会进入休眠状态，黎明时分复原，这时它们就能继续觅食了。

人们发现，成群生活在北美洲西部山区的白喉雨燕在天冷和昆虫食物不足时会钻进岩石缝隙，进入冬眠状态。雨燕雏鸟也会使用这种生存技巧，在食物匮乏的夜晚进入冬眠状态。

目前已知蛰伏时间最长的鸟类是北美小夜鹰，它在岩缝中"睡"了将近3个月——也相当于冬眠了。和雨燕一样，北美小夜鹰的蛰伏状态与寒冷的天气和随之而来的昆虫食物来源匮乏有关。蛰伏状态下，它的体温会比正常值低约4.4摄氏度，依靠体内储存的脂肪存活。这是目前发现的唯一一种在野外冬眠的鸟类，不过人们在圈养的其他种类夜鹰中也观察到了蛰伏状态。

Treading

踩　背

踩背指雄鸟交尾时的动作。通常情况下，雄鸟会踏在雌鸟背上交配。

另见词条：性（Sex）

推　鸟

　　"推鸟"是英国人的说法，相当于美国人所说的列鸟种清单（listing）。在英国，"twitch"本意为抽动、抽搐，也指选择、标记，也就是"打钩"，"twitcher"（推鸟人，多音译为"推车儿"）指在个人的鸟种清单上打钩的人。"推车儿"对鸟类的主要兴趣就是在鸟种清单上打钩，表明自己见过了（在英国叫作"getting ticks"）。根据观鸟者、喜剧演员比尔·奥迪的说法，"推鸟"一词从渴望看见"好鸟"出现的观鸟者的情绪状态而来："他被紧张的期待（可能会看到它）和恐惧（可能会错过它）折磨着，以至于因为这一切兴奋过度，颤抖起来。"按照马克·科克（Mark Cocker）在《鸟人：一个部落的故事》（*Birders: Tales of a Tribe*）一书中的说法，"推鸟"一词源于这样一个故事：一个有雨夹雪的夜晚，英格兰一位狂热的"推车儿"骑着摩托车追寻一只短嘴半蹼鹬；早上，他追到了这只鸟，但这段寒冷的旅程导致他出现一些（暂时性的）生理反应——他不受控制地抽搐。

另见词条：观鸟（Birdwatching）

Vision (A bird's eye view)

视力（鸟瞰）

脊椎动物的眼睛是一种极其复杂的器官，关于它，我们还有很多需要学习的。本词条仅从以下几个方面讨论鸟类眼睛一些显著的特点、功能等，以及其与人眼的比较：

一般的鸟类眼睛。 在概述之前，我们首先应注意到，不同鸟类的眼睛之间存在巨大的差异，比如鹬鸻的眼睛与苍鹰的眼睛就有天壤之别，其差异之显著不亚于鸮的眼睛与人眼的区别。尽管如此，大体而言，我们还是可以说，就身体比例而言，鸟类长有巨大的眼睛，它们也具有敏锐的视力，对眼睛的依赖比对其他感官的依赖都要强（少数鸟类除外）。

我们通常看到的鸟眼只是它们眼球的一小部分，眼睛在鸟类头部占据的空间远大于任何其他器官占据的空间。某些大型掠食性鸟类的眼球和人眼一样大甚至更大。据称，鸵鸟的眼球（直径约 5.1 厘米）可能是所有陆生脊椎动物中最大的。另一个常用来衡量鸟类眼球大小的标准是眼球重量与大脑重量之比。

关于鸟类与人类在各项视觉能力（分辨率、感光度、聚焦等）方面的差异，目前仍存在很多争论。不过，有些鸟类比人类"眼神好"是毫无疑问的——至于究竟好多少，还没有定论。有些鸟类具有特化的能力，例如高度发达的夜视能力、良好的水下调节能力等，这些都是人类所缺乏的。还有一点也可能是真的：许多雀形目鸟类的视力总体上比人类视力差一些。下面我们来讨论一些细节。

鸟类需要利用视觉来觅食，在飞行时找准方向，并发挥基本功能，如在树木之间降落或穿梭，而不是撞上去。其他感官或许也能起到辅助作用，但都不足以补偿视力损失。对一只失去双眼的鸟而言，噩运已经注定。不过，也有一些例子显示，外表看起来很健康的鸟仅靠一只眼睛也生存下来了。

分辨细节的能力。 专业上，这种能力叫作"视锐度"（又称"视力"）或"视觉分辨力"。这种能力发展得最好的是必须观察微小的（或遥远的）运动物体的鸟类（如霸鹟和鹰）。视力好的鸟类往往眼球相对较大，晶状体扁平且距离视网膜更远——这样的组合可以投射更大的图像，同时视网膜中的视锥细胞高度集中，可以敏锐地感知颜色和细节。过去广泛发表和传播的一种说法是，视力最敏锐的日间飞行猛禽的视力是人类的 8 倍，但现在我们已经知道这言过其实了。通过比较猛禽与人类视网膜中视锥细胞的数量可知，猛禽高达 100 万个 / 毫米 ^{2}，人类仅为 20 万个 / 毫米 ^{2}，一些权威研究者推断，两者之间的差异"仅"有 5 倍；但更广泛的观点是，相差 2 倍或 3 倍（基于不同的依据计算）更接近真实情况。想象我们的视力在现有基础上提高了两三倍，那么即使按最保守的标准，鹰及其亲缘物种的视力仍然会令我们刮目相看。事实上，它们的视力可能是现存动物中最发达的。

其他种类的鸟类视力各不相同，从明显比我们差（可能只有 1/2 或 1/3）到存在差距但并不显著，不一而足。

聚光。聚光也称视觉敏感度，指鸟类在极微弱的光线下也能看清物体的能力。这种能力在鸮中进化得最强大，但其他许多鸟类的聚光能力也不容小觑（也就是说，比人类强）。鸮的眼球大而长（呈管状），角膜和晶状体表面相对较宽，可以最大限度地让光线到达视网膜。鸮眼球上感受光信号的"柱状细胞"数量尤其丰富，视锥细胞则相对较少。这意味着鸮的视力逊于日间活动的猛禽。（各种"感受器细胞"，比如柱状细胞、视锥细胞，数量上往往成反比。）

与人们有时所持的看法相反，鸮在完全黑暗的环境是看不到猎物的，至少一些种类的鸮在寻找猎物时对听觉的依赖程度与对视觉的依赖程度相当。我们不应该因为"夜猫子"白天不活动，就认为夜行性鸟类白天是"瞎的"或近乎"睁眼瞎"。至少在某些鸮中，无论是白天还是黑夜，它们的视力都比我们好。

虽然鸟类的夜视能力总体上胜过人类，但通常"开机时间"更长——它们可能需要1个小时或更长时间，而我们只需要大约10分钟就能适应黑暗。深潜的鸟类（如潜鸟）眼中柱状细胞更多，这让它们得以在几乎没有阳光照射的深水处寻找猎物。

聚焦，或称"调节"，指在不同距离或折射条件下形成清晰图像的能力。聚焦主要通过肌肉对晶状体的作用实现：肌肉拉抻，使晶状体在看远处时变得更扁平；肌肉收缩，使晶状体在观察前景时凸度更高。与哺乳动物不同，鸟类的角膜会弯曲以帮助聚焦。

广泛的焦距调节范围和快速聚焦的能力对疾速飞行的鸟类而言尤为重要，特别是对从空中高速俯冲捕捉猎物的鸟类。像鸬鹚这样长时间潜入水下的鸟类，必须具备在水中和陆地上都能聚焦的能力。有这种特殊需求的鸟类，其焦距调节范围可能为人类的5倍，但定栖陆地鸟类的焦距范围可能不如人类的广。

让鸟类具有出色聚焦能力的主要因素：①控制晶状体形状的肌肉组织（睫状体）高度发达；②晶状体非常柔软；③眼部有一圈环形小骨片，即"巩膜骨"，在晶状体受到推压和挤压时，巩膜骨可使其保持稳定。

从空中入水捕食鱼类的燕鸥，无法在水下聚焦，只能瞄准"预设"的狩猎目标。相比之下，企鹅只有在水中才看得清楚，因为它们的眼睛经过演化，更适用于跟随快速游动的鱼。

视野的大小、深度感知和距离感知。给定时间内所能看到的周围区域的大小、三维感知和相对距离的判断，都取决于眼睛在头部的位置、眼睛可动的范围，以及能否转动脖子。

人类的眼睛位于头部正面，双眼间距较近。因此，我们在眼睛不动或脖子不转动的条件下获取的视野相对狭窄。只转动脖子，不移动身体其他部位，这个视野能显著扩大，但仍然不是完全的。因为我们两只眼睛接收的图像略有不同，大脑要将两张图像合成到一起（双目视觉），所以我们很容易感知物体的深度、长度和宽度（立体视觉），并判断出物体离我们有多远，以及当我们向物体走近时，距离逐渐缩短的程度。当然，双目视野终究比总视野窄。由于眼睛的位置和其他因素，在不同的动物之间，双目视觉占全视觉的比例也有所不同。

鸮的眼睛在头部的位置与人眼类似，视野（总视野110°，双目视野70°）、深度感知和距离感知也与人眼的接近。鸮的眼睛牢牢地固定在眼眶中（不能像人眼那样自由转动），这就需要靠它极度灵活的脖子来弥补（大多数鸟类都有这种特点，但是鸮尤其突出）。日间活动的猛禽的眼睛更偏向头部两侧，因此它们的总视野更宽（大约250°），但双目视野缩窄，只有35°~50°。

大多数鸟类的双眼几乎都是分别位于头部两侧的。这让它们拥有了广阔的总视野（宽达340°），但双目视野很窄（最低只有6°，平均也仅有20°~25°）。因此，大多数鸟类仅用一只眼睛就能看到大部分物体，但几乎没有深度感知能力。这或许解释了为什么在地面觅食的鸟类经常把头歪向一侧：原来是为了辨认它看到的到底是一粒种子还是地上的一个黄点。这也解释了为什么一些滨鸟（和其他鸟类）会转过一只眼睛盯着天空（它们不会像我们这样脖子后仰看东西）：原来是在评估飞过的物体可能带来什么威胁。这或许还解释了为什么一些鸟类在潜在威胁靠近时会点头晃脑：原来是为了快速地从两个角度观察物体，从而判断其形状和距离。

要讨论鸟类的视野，我们就绕不过丘鹬和麻鳽。丘鹬硕大的眼球几乎完全固定在头骨中，除了正前方和正后方的小"盲点"外，它几乎具有全景视野，甚至能看到头顶正上方区域。这可能是一种适应，让这种经常聚精会神盯着地面的鸟能够感知来自上空的危险。至于麻鳽，当它的头部保持水平时，眼睛会朝向下方，这样不需要扭头或点头就能发现地面的食物。当麻鳽隐蔽地捕食时，会呈现其特有的一动不动"僵住"的姿态，头部高抬，但眼睛朝向正前方。你也许会觉得，这有何难？那么你不妨仰起头，试试在鼻子冲着天花板时直视别人的脸。

色觉。日间飞行鸟类的色彩体验显然比我们丰富得多。我们是根据鸟类对近紫外光谱的敏感性、鸟类眼球中有大量含有视色素的视锥细胞、视锥细胞中存在的多色油滴得出这个结论的。油滴的色彩范围从黄色到红色，它们似乎充当了滤镜，屏蔽了一些蓝色或紫色，增加了对黄色或红色的敏感性。很有意思的是，在这一背景之下，我们可以注意到，黄色或红色在鸟类"炫耀"特征中所占的比例很高，也就是说，在鸟类借以吸引伴侣的毛色等外形特征上，黄色和红色极为常见。油滴可能也有助于减少眩光和增加对比度，但关于它们的功能，我们还有很多需要了解的。

因为鸟类靠视锥细胞来感知颜色，所以可以认为，夜间活动的鸟类（种类相对较少）是色盲。

有一种猜测是鸮能感知红外线，从而在黑暗中"看到"猎物散发的热量，但这种说法尚未得到证实。

虹膜颜色和眼睛反光。鸟类当然没有人类这样的眼白，它们眼睛的颜色（除了巩膜最外一圈）就是虹膜的颜色。在大多数鸟类中，虹膜是深褐色或黑色的，但有相当数量的鸟类长着色彩绚丽的眼睛。在某些情况下，这种颜色因性别而异——雄鸟的虹膜颜色更鲜艳。鲜艳的眼睛颜色通常是成鸟的特征，在繁殖季节，颜色可能会更亮。人们还不确定虹膜颜色有什么功能，也许在炫耀方面发挥了一定作用。

眼睛反光指当光线以特定角度射入夜鹰等夜间活动的鸟类和哺乳动物的眼睛时，它们的眼睛会反射出鲜红色或亮黄色的光（也有白色或淡绿色的，比较少见）。这种反光是由视网膜后一层闪亮的薄膜产生的。这层薄膜叫作"照膜"，它反射的炫目光线可以穿透半透明的彩色视网膜

眼睛反光的夜鹰

表面。

瞬膜。所有鸟类的瞬膜都位于主眼睑下方，并以一定角度从眼球内侧下方（靠近喙）向外侧上方移动，遮住角膜。大多数鸟类的瞬膜是透明的（夜间活动的鸟类中有例外），作用是不时滋润眼睛，或许还有一定的保护作用，就像我们眨眼时用到外侧眼睑一样。（除了睡觉，鸟类很少合上眼睑。）一些潜水鸟类的瞬膜发生了改变，有助于适应水下环境。有人认为，这种透明薄膜相当于鸟类飞行时的"挡风玻璃"。蛙、所有爬行动物和一些哺乳动物

（如骆驼、海豹、北极熊和土豚）也有瞬膜。

另见词条：炫耀（Display）

Vocal Mimicry

效　鸣

众所周知，在许多情况下，幼鸟不仅会通过模仿父母或其他成年同类的叫声来"完善"鸣声，而且能即兴在鸣声中加入它们自己的"变奏"。这种学习方法和能力在所谓的鸟类"口技大师"中得到了最充分的发展：这些鸟能够（并且会习惯性地）再现其他鸟类和动物的声音，包括人类的说话声，甚至还有现代世界中"没有生命的"物体的声音。

效鸣可以分为 2 种类型。一类是"天然"的模仿者，例如欧洲椋鸟和嘲鸫科的小嘲鸫。这些鸟类用它们模仿出的声音和该物种特有的音乐主题来创造独一无二的"个性歌曲"，"歌曲"的功能与常规的领域鸣声相似（不过还是略有不同，详见下文"它们为什么这么做"部分）。该类模仿的对象也包括火车汽笛声或其他非鸟类鸣声，被圈养的鸟还能模仿人类的语言，但它们的鸣声中非模仿的部分往往也相当多。这些鸣声的构成和演绎在不同个体之间差异很大，在不同地理种群之间也有显著区别。

另一类是所谓"会说话的鸟"。鹦鹉科的某些成员和鹩哥（*Gracula religiosa*）因模仿天赋出众而广受欢迎，成为宠物。（有人猜测，除了善于模仿，这些鸟广受欢迎还因为人与宠物之间可以互动、共享情感。）将它们当作宠物饲养的需求之大，已经对它们的野外种群造成巨大的压力。与上一类模仿者不同，"会说话的鸟"从不（就目前所知）在野外运用它们的模仿能力。

还有一种可能是，还存在第三类模仿者。这类模仿者的代表是一些品种的松鸦，它们会模仿鹰和乌鸦的叫声，但并不将它们融入任何类型的鸣声。还有一些鸦科鸟类，比如渡鸦、乌鸦和喜鹊，在人工圈养的环境下很容易学会"说话"。

在天然的模仿者中，一些鸟类比其他鸟类更有才华，也更热衷于模仿。小嘲鸫堪称其中的佼佼者：人们曾发现，有一只小嘲鸫在其鸣声中融入了 80 多种其他鸟类的鸣声。根据记载，小嘲鸫模仿过的声音总计已超过 400 种，

小嘲鸫和它的部分"模仿秀曲目"

其中包括蟋蟀的叫声、青蛙的叫声和手机铃声等。

在"会说话的鸟"中，非洲灰鹦鹉、中美洲的黄冠亚马逊鹦鹉（*Amazona ochrocephala*）和澳大利亚娇小的虎皮鹦鹉（*Melopsittacus undulatus*）被广泛视为"最会聊天的鸟"，而鹦鹉科的其他很多物种则很少或几乎没有展现出这种能力。鹩哥不仅能重复人类的词语，而且能惟妙惟肖地模仿出说话者独有的语调和音色，堪称此类模仿者中的"口技大师"。椋鸟和一些种类的乌鸦也展现出一定程度的模仿能力，不过只有少数（例如欧洲椋鸟）在野外使用它。

有必要在此指出的是，为了增强圈养鸟的说话能力而剪舌头的做法毫无科学依据，反而会导致宠物死亡。

介绍了不同类型后，以下从另外 2 个方面介绍效鸣：

它们是怎么做到的。最出色的自然模仿者拥有的鸣肌（8 ~ 9 对）数量可能是最多的，因此，它们具备复制各种鸟类鸣声的身体条件似乎并不令人惊讶。不过，模仿人类语言就是另一回事了。人类能发出数量繁多的元音，这要归功于我们的喉咙、口腔和鼻腔中有充足的共鸣腔；我们的舌头、牙齿和其他口腔结构让我们在发辅音时也相当灵活。相比之下，鸟类身上几乎没有出现能发出语音的生理结构改变。与我们亲缘关系最近的动物类人猿在这方面的生理条件比鸟类好得多，即便如此，它们连一丁点听着像人类语言的声音也发不出来。

一些"会说话的鸟"通过"假装"来解决一部分问题，办法是用音高的变化来模拟元音和辅音的变化。这一点又受到其人类"声乐教练"的鼓励，他们往往能清楚地听见宠物鸟说出他们教的话——不带感情色彩的旁观者可听不出来。这两项因素结合，解释了为什么虎皮鹦鹉说的"早上好啊，美人"在露露阿姨听起来再清晰不过，而你听到的就是鹦鹉的叽叽喳喳。不过，鹩哥等鸟类可以"高保真"地模仿出人类语音，甚至用声谱分析检测后发现它们发出的元音和辅音都明确无误。它们究竟如何依靠有限的身体条件做到这一点，我们至今所知甚少。

它们为什么这么做。许多"爱说话"的鸟类在野外从不模仿任何声音，只有被限制在同人类密切接触的环境且被剥夺与同类的接触机会时，它们才开始模仿人说话。由此看来，"说话"似乎是一种社会适应的行为。我们都知道，鹦鹉是非常喜欢社交和表达的鸟类，被迫切断与同类的联系，它们会"因离别悲伤"而死。因此，说话可能是它们与饲养者建立必要情感联系的一种方式。一旦这种情感联系确立，就很容易理解它们在语言运用方面显而易见的"悟性"。例如它们会对有情感联系的人说话，在后者离开房间时说"回来"，并发表其他恰当或有趣的评论。这些行为之后又会因为受到我们的欣赏和肯定而得到进一步强化。

对"天然"效鸣的解释还没有明确。鸟类学家提出了几个周全而合理的假设，最好的解释或许是，这种模仿冲动是一种向潜在配偶炫耀的方式，用行为生态学的行话来说，是一种"适应力的展示"。如前所述，最有天赋的小嘲鸫雄鸟能模仿数百种声音，这样做主要是为了吸引和留住配偶——甚至在交尾过程中也是如此！"曲库最大"的雄鸟得到的交配机会似乎也最多，繁殖成功率也最高。

最后要说的是，至少有一位懂得欣赏的听众提出了一个吸引人的理论，即一些鸟类模仿声音是为了获得"积极强化"——也就是说，本质上是为了好玩。

另见词条：鸣唱（Song）；智力（Intelligence）

涉 禽

在英语世界的大部分观鸟群体中，"涉禽"这个名词一般用于指代美国观鸟者口中的"滨鸟"——需要注意的是，"涉禽"排除了许多生活在海岸的鸟类（如海鸥和燕鸥），同时包括大量不常造访海岸的鸟类（例如丘鹬和沙锥鸟）。北美很少使用"涉禽"一词，这个术语在当地指长腿水鸟，例如鹭和鹳，还有一些文献称它们为"涉水鸟"。

亚历山大·韦特莫尔

亚历山大·韦特莫尔堪称美国鸟类学家中最多才、最多产的一位。他最初只是一名来自威斯康星州的小小博物学家，并不起眼。他在 13 岁那年发表了他的第一篇鸟类论文（《红头啄木鸟的行为》），初露头角。在堪萨斯大学取得学士学位后，他去了华盛顿哥伦比亚特区，顺理成章地结识了美国国家博物馆的罗伯特·里奇韦

（Robert Ridgway），融入了他身边杰出动物学家的圈子。韦特莫尔在乔治城大学获得博士学位的4年后（1924年）被任命为史密森尼学会助理秘书和美国国家博物馆负责人。与同级别的其他鸟类学家一样，韦特莫尔领导了许多专业组织（1926年至1929年任美国鸟类学家联盟主席），并获得了他应得的荣誉。当然，说到衡量他职业生涯的真正标准，还要看他的著作，其中包括关于鸟类生理学、病理学、行为学、分布、分类学和古生物学的权威论文（仅古生物一个主题，他就写了155篇论文）。他还为美国国家地理学会出版的普及性鸟类图书撰文。但他真正的经典作品是四卷本的《巴拿马共和国的鸟类》（*Birds of the Republic of Panama*）。在这部著作中，他展现了一名野外研究者的非凡技能。直到92岁溘然长逝之前，他都致力于这部作品的编写工作。

Wilson, Alexander (1766—1813)

亚历山大·威尔逊

与约翰·詹姆斯·奥杜邦相比，亚历山大·威尔逊或许更应该被奉为"美国鸟类学之父"。威尔逊创作了第一部全面、系统且配有丰富插图的北美鸟类记录，这是美国当时最伟大的动植物研究著作。他的《美国鸟类学》（*American Ornithology*）共 9 卷，于 1808 年至 1814 年陆续出版，最后 2 卷在他去世后才面世，最终一卷由他的朋友、赞助人和编辑乔治·奥德（George Ord）撰写。全书包括 76 张版画，共描绘了 320 种鸟类，依照现行分类学，画作涵盖了 279 个鸟类物种。

考虑到威尔逊出身贫寒，他的成就更加令人敬佩。威尔逊是苏格兰佩斯利镇一名织工的儿子，13 岁就中断了学业。之后，他来到美国宾夕法尼亚州当测量员和教师，艰难求生。开始撰写《美国鸟类学》并为该书绘制插图之前，他对鸟类学和绘画一无所知。

和奥杜邦一样，威尔逊成功的线索就隐藏在他的个性当中。可以说，他是一位继承罗伯特·彭斯传统的浪漫主义诗人。正如他在致后来合作的雕版师、费城人亚历山大·劳森（Robert Lawson）的信中所说，他"长期习惯于修建空中城堡和脑中风车"。威尔逊还拥有坚定的信念，这导致他在苏格兰因写作支持工人的政治诗歌而入狱。这可能是他离开故乡移民美国的原因。他个性固执，难以接受批评，这种性格导致他不是一个好相处的朋友，但对完成他毕生的事业而言至关重要。他也幸运地得到了地位显赫的赞助人和顾问的支持，比如当时著名的植物学家和鸟类学家威廉·巴特拉姆（William Bartram），著名画家和费城艺术博物馆创建人查尔斯·威尔逊·皮尔（Charles Wilson Peale），威尔逊的雇主、后来为他出版《美国鸟类学》的塞缪尔·E. 布拉德福德 [Samuel E. Bradford，当时是《亚拉伯翰·瑞思新百科全书》（Ree's New Cyclopedia）的编辑]，还有富有且颇具影响力的费城博物学家乔治·奥德。奥德支持威尔逊的工作，为他担任编辑，在他死后撰写了《美国鸟类学》的最后一卷，并在奥杜邦指控威尔逊抄袭时坚定捍卫了朋友的声誉。

　　威尔逊和奥杜邦这两位著名的艺术家兼博物学家之间广为人知的较量（主要发生在威尔逊去世之后）起因是奥杜邦坚称威尔逊的"小头捕蝇鸟"（small-headed flycatcher）是从他本人1808年的画作中抄袭的。让人哭笑不得的是，这场争论的焦点是一种名称不详、形态类似雏莺的鸟，自奥杜邦或威尔逊看到之后，就没有人见过（或至少没有人认出）它了。为了捍卫威尔逊的声誉，奥德确凿无误地指出，奥杜邦的大量鸟类画像倒是与威尔逊的某些画像惊人地相似。奥杜邦作为一名出类拔萃的画家，为何禁不住诱惑去抄袭威尔逊的作品，这还是一个未解之谜。但他所绘的白头海雕、密西西比灰鸢和红翅黑鹂，与威尔逊此前对这些鸟类的描绘如此相似，不可能只是巧合。威尔逊死于痢疾或肺结核，终年47岁。

威尔逊的名字在鸟类的科学命名和本地俗名中频频出现，它们无不显示出威尔逊在鸟类学领域的贡献。例如，威尔逊海燕（黄蹼洋海燕）、威尔逊鸻（厚嘴鸻，*Charadrius wilsonia*）、威尔逊瓣蹼鹬（赤斑瓣蹼鹬，*Phalaropus tricolor*），以及威尔逊森莺（黑头威森莺，*Cardellina pusilla*）。

急于迁徙的威尔逊森莺

另见词条：约翰·詹姆斯·奥杜邦（约 1785—1851）[Audubon, John James (ca. 1785—1851)]。

迁徙兴奋

"zugunruhe"是德语，字面意思是"旅行的不安"，鸟类学家用这个词来描述鸟类在迁徙季节即将到来时表现出的烦躁不安。这种不安在迁徙季节时的圈养候鸟身上表现得最为突出。

附 录
Appendix

词条索引·按汉语拼音排序

致　谢
Acknowledgments

————

这样一本词典，不能像小说或记录新发现的科学论文一样自称"原创"作品。这本书本质上是其他人工作成果的汇集，而作者的创造力则主要体现在归纳这些材料时对信息的筛选、对材料的组织和语言的运用上。因此，我最要感谢的是数百位鸟类学家、生物学家和博物学家，他们的工作为《鸟类词典》提供了灵感与资料来源。形式所限，本书有意只包含少量引文，也没有列参考文献和书目。因此，如果读者想要通过深入学习来增加鸟类学知识，那么我（毛遂自荐）推荐阅读我另一本作品——普林斯顿大学出版社 2004 年出版的《北美鸟类观察手册》(*The Birdwatcher's Companion to North American Birdlife*) 中的参考文献和书目，它也是这本小巧的《鸟类词典》主要的信息来源。

尽管前面说过，本书是由众多研究者的工作成果汇集而来，但我还是要在此向一些人明确表达我深深的谢意：

普林斯顿大学出版社的罗伯特·柯克（Robert Kirk）出色地编辑了本书前言提到的《观鸟者伴侣》一书，正是他邀请我承担本书的编写工作，并施展他丰富的文学技艺和"外交技巧"指导我完成了这部作品。

"奈德"，也就是爱德华·S.（奈德）布林克利[Edward S. (Ned) Brinkley]，已经去世，他生前是美国观鸟协会鸟类学记录季刊《北美鸟类》（*North American Birds*）的编辑，他为本书详述分类和命名信息等提供了宝贵的建议，也为介绍观鸟群体不断演变的规矩和做法提供了深刻的观察成果。他还谨慎地阻止了我在书中的不少夸夸其谈。不久前，他英年早逝，这对他的许多朋友、同事，以及整个观鸟界来说都是沉痛的损失。

阿比·麦克布赖德（Abby McBride）为本书文本配了近50幅迷人的插图，这些画作将准确性与想象力合二为一——这可没有我们想象中那么容易。由于新型冠状病毒肺炎疫情¹的影响，我们只能通过电话讨论她的工作，这一事实无疑让成果显得更加令人赞叹。

最后，我必须感谢我的家人凯西·莱西和邓肯·莱西（Kathy and Duncan Leahy），他们在将近 5 个月的新型冠状病毒肺炎疫情封控期间忍受我对这本书的痴迷和投入。我还要感谢卢克·沃尔夫·贝林格（Luke Wolff Behringer）与我分享他对霍格沃茨魔法学院猫头鹰的"专业看法"。

---

1 2022 年 12 月，中华人民共和国国家卫生健康委员会公告 2022 年第 7 号将"新型冠状病毒肺炎"更名为"新型冠状病毒感染"。